鈴木さんにも分かる ネットの未来

川上量生
Nobuo Kawakami

岩波新
1551

目次

はじめに　ネットが分からないという現象が生み出すもの

目　次

はじめに
ネットが分からないという現象が生み出すもの

ぼくが師事するスタジオジブリの鈴木敏夫プロデューサーに入社当初から与えられていたテーマがあります。ネットとはなにか、をぼくにも分かるように書いてくれ、という命題です。ネットとはなにか。今の時代でネットというと要するにインターネットのことですね。ネットについてであれば、ぼくにはいろいろ持論があっていくらでも書きたいことはありました。でも、おまけでついてきた〝ぼくにも分かるように〟という条件にとても困りました。鈴木さんはネットのことをなにかにつけて頻繁に聞いてくる割には、説明を始めるとすぐに飽きてしまうのです。興味をなくしてどっかに行ってしまうか、自分の話を始めてしまいます。

鈴木さんに話を最後まで聞いてもらうのは、とても大変なのです。しかし、ネットの外に届けるためには、ぼくが理解できるぐらいじゃないと駄目だという鈴木さんの強弁にも多少の理があることは認めざるをえません。どうやったら鈴木さんに理解してもらえるか。ずっと考え続けてきた結果、多少のノウハウはつかみました。

だいたいネットの専門用語というのがダメなのです。とても難しそうなことをいっているように見えて、実はたいした中身のない専門用語というのがネットにはすごく多い。要するに、ただのこけおどしですね。

別にふつうの言葉で説明できるのに、わざわざ聞いたことのない新しい呼び名をつくって、さも画期的で重要な概念であるかのように見せるというテクニックはネットの世界では頻繁に使われます。ふつうの人は、なるほど、よく分からないけど、きっとすごいんだな、と感心してくれるのでしょうが、そういうハッタリは鈴木さんには通用しません。結局なんなのか、ということを理解できないと納得してくれないのです。

なぜネットの人は新しい言葉をつくりたがるのか、そんなところから説明するべきだと思いました。

根本的なところから説明しよう。でも、それはそれで説明が長くなると鈴木さんは聞いてくれないので大変なのです。

しかし鈴木さんと世間のほうもネットに近づいてきました。スマートフォンも普及して、ネットで起こる出来事がふつうのニュースとして報道される時代です。ネットはだれでも使っていて、鈴木さんだってＬＩＮＥなんかは、ぼくよりもヘビーユーザじゃないでしょうか。なかなか侮れません。

まあ、なんとかなるんじゃないかということで、ぼくが考えている「ネットとは本当はなんなのか」を書いてみることにしました。

ネットの世界はこけおどしとハッタリに満ちています。本来はネットの外の世間を騙《だま》すためのごまかしだと思うのですが、ネットの中の人たちも、いっしょに騙されているので始末に負えません。長年ネット業界の中にいるぼくが、本当のネットとはこうですよね、という、むしろネットの中の人たちへのメッセージを、ネットから一番遠そうな鈴木さんたちに向けて書くのは、なかなかに痛快なことだと思ったのです。


最初、この本のタイトルは「ネット鎖国論」にするつもりでした。グローバル化というスローガンが叫ばれるようになったのは、いつのころからでしょうか。最初は希望的な未来のはずだったグローバル化は、だんだんと貧困と格差拡大の元凶と認識されるようになってきました。TPP（環太平洋経済連携協定）反対論もその現れのひとつです。

グローバル化とはひとことでいうと、国境を越えて世界がひとつの経済圏になっていく現象でしょう。世界がひとつになるというのは理想論としても聞こえはいいし、また、歴史的な必然であるという暗示も含んでいます。いずれそうなるかもしれないとは、だれもが思っていることでしょう。しかし、現実問題として、経済圏が国境を越えてひとつになるという現象は、ローカルな経済圏が破壊されるということを意味していて、国家にとっては、そんなに簡単に賛成できることではありません。グローバル化とはこれからのぼくたちの試練であって、乗り越えなければいけない壁であって、ただ、壁に向かって闇雲《やみくも》に突っ込んでいって激突すべきものではないと思うのです。

だから実際にTPPに対しても反対論が起こっているのだと思うのです。グローバル化が本当にいいのか個別の案件について議論が起こり、また、グローバル化するにしても手順をどうやるのか考えるのは当然のことです。

ところが、そういう当然の議論がまったく起こっていない、かつ非常に重要な分野がひとつあって、それがインターネットなのです。グローバル化が経済において国境をなくすことだとすれば、インターネットはそもそも最初から国境がありません。そして通信販売がアマゾンや楽天などのeコマースに取って代わられ、ネット銀行にネット証券と、産業全体がネット化する流れの中ではいくらグローバル化に抵抗しようとしてもインターネットが抜け道となって、どんどんグローバル化が進んでいく、そういう構造になっているのです。

もし、今の日本がグローバル化というものに本気で抵抗しようとするなら、まず、ネットを閉じてデジタルの世界に国境をつくらないと駄目でしょう。

そもそもインターネットになぜ国境がないのか、インターネットに国境がないことによってこれから社会はどう変わっていくのかが、ちゃんと真剣に議論されるべきだと、ぼくは思います。すくなくとも政府はもっと考えたほうがいい。なぜならグローバル化において国家の存在が希薄《きはく》化している最前線は、ネットという新しい領土にあるからです。いつまでも関税がどうだとか、モノと資本の移動ばっかりに囚われた議論をしている場合ではありません。いま、ネットによって社会システムがリアルな世界から電子の世界へ移動しつつあり、そこの大部分は国家の統制が及ばない場所になりつつあることを認識すべきです。二一世紀に国家が消滅するとすれば、それはネットの世界から始まるでしょう。

ネットに国境がなくて本当にいいのでしょうか？　そのことでこれからの日本はどうなるのでしょうか？　いまは、だれもかれもがネットに国境がないことをあたりまえに思っています。だれか懐疑的な検証をする人がいても、いいのではないでしょうか。

インターネットの存在について、そもそもどうなんだという根本的な議論が起こりにくい理由は、いまの社会の中心にいる人たちが、やっぱりネットのことはよく分からないと思っているからでしょう。実際によく分かっていないのだとも思います。

なぜ、ネットのことがよく分からないのか？　理由はふたつあって、ひとつはネットの概念のほとんどが外国から輸入したものだからです。日本で偉そうにネットについて語っている人の多くは、たんに輸入した概念の受け売りをやっているだけなのです。なので識者とされる人の話を聞いても、喋っている本人もあんまり整理ができていなくて、いろんな解釈が錯綜《さくそう》して混乱する。これは、新しい概念とされる言葉が登場したときに非常によく見られる光景です。

もうひとつの理由は、ネットというものがこれまでの社会とは異なる文化を持つ新しい社会をつくっていることにあります。異文化というのはよそ者にはなかなか実感を持って理解するのが難しいものなのです。

ネットとはなにかを説明する前に、まずいまの社会の中心にいる人たちがネットを理解していないために、どういう現象が起こっているかを説明したいと思います。ひとつは、ネットを理解していない人たちを煙に巻いてお金を稼ぐネット業界の構造について、もうひとつはネットを理解している世代としていない世代の境界でなにが起こっているのかの話です。そのために「IT舶来主義」と「デジアナ世代」というふたつの造語を用意してみました。これらのキーワードをまずは解説しましょう。

IT舶来主義

あたりまえですが、上の世代になるとネットが分からない、という人が多くなります。ネットとはなにか？　ネットではどうやってビジネスをすればいいか？　これまでの経験が通じず途方にくれている経営者や管理職は大勢いることでしょう。

ネットをほとんど使っていない人とネットを日常的に使っている人との間では、ネットに関する知識の差はどうしようもなく大きくなります。現実社会で活躍する年齢の高いビジネスマンの多くは、ネットなんてそれほどは使っていないはずですから、もともとネットは分かりづらいものです。

しかも、ビジネスマンにとってネットへの最大の関心事はどうやってネットで儲ければいいのかでしょうが、これがとても難しいテーマです。ネットのせいで売上が減る。だからネットをやらなければならない。でもネットをやっても売上が増える気がどうもしない。そういう悩みを抱えているビジネスマンは多いと思いますし、その心配はたぶん当たっています。ネットなんてなかなか儲かるものではありません。

なにも指針がないなかで人間はどういったものにすがるのかというと、ひとつはやっぱりネットの本場ではどうなっているかということです。そしてネットの本場というと、やはり米国です。

ネットの世界ではＩＴ舶来主義とでもいうべき、米国の技術やトレンドが正解であって、これからの日本のネットの未来を示しているという見方が強くあります。日本のネットの世界での識者というのは、世界では(=米国では)こうですよと教えてくれる人のことであり、多くの場合は、これが正しいという信念とセットになって情報を伝えるので、教師というよりはむしろ伝道師と化すことも珍しくありません。これはネット業界というよりもＩＴ業界全般の伝統だといっていいでしょう。

いま、伝道師といいましたが、実際にＩＴ業界でなにかについて教える人は、自分のことを本当に伝道師とかエヴァンジェリストと名乗ったりします。このことから分かるようにＩＴ業界にあって正しいとされている多くの概念は、本当に正しいかどうかは理屈ではよく分からなくて、宗教のように信じ込むものだという感覚をＩＴ業界の中の人自体がみんな共有しているのです。

ＩＴ業界の人たちというと、コンピュータとかを扱っているんだから、すごく論理的なことをいう人たちだろうという先入観を持っている人は多いと思うのですが、実際のところ、ネット業界を含めたＩＴ業界の人たちが正しいと主張することの多くが、彼ら自身も半ば自覚しているように、論理ではなく宗教的な思い込みによって支えられているというのは興味深い事実です。

根本的な部分では宗教だと考えると、ネット業界の外の人にとってネット業界の理屈が分かりにくいのもあたりまえですね。

ビジネス面から見た場合、ネットの理屈が宗教化しやすい理由がひとつあります。それはネットでどういうビジネスモデルをつくれば儲かるのかの答えをだれも持っていないからです。むしろネットが絡むと、なんでも儲からなくなると思ったほうがいいかもしれません。

特に既存のビジネスがネットに移行する場合には、付加価値がつくというよりも、ネットを利用したという名目による価格のディスカウントだけが武器になる場合が多いので、特に現在のビジネスがうまくいっていればいるほど、ネットにビジネスの主軸が移ったぶんだけ、市場規模と利益がむしろ減る傾向にあるのです。したがって、ネットで儲けるというテーマ設定自体がそもそも難しいのです。

答えがないにもかかわらず、ネット側の伝道者たちは世の中に、これからのビジネスはネットを活用しなければ時代に乗り遅れるなどと説くわけです。本当にそこに道はあるのか？　分かりません。でも道があるとしたら、ここにしかありません。突き進むしかないのです。と、だんだん本土決戦やるしかないみたいな悲壮な理屈になってきます。

ネットでのビジネスモデルが難しいのは日本だけでなく世界的な現象です。だれにとっても正解がなにかを判断するのは難しい世界なのです。米国ではこうだ、という分かりやすい理屈は大変な説得力を持ちます。みんながそれに影響されるから、実際に米国で流行ったものは日本でも流行ることが多いのです。ソフトバンクの孫正義社長が以前よく言っていたタイムマシン経営なんていう標語は、こういう価値観をよく表しています。

本来、日本は島国であり日本語という文化的障壁《しょうへき》もあるので、ＩＴ／ネットにおいても独自の発達をする環境は整っています。実際に世界の中でも日本はユニークなＩＴ企業やネットサービスを生み出している国です。にもかかわらず米国での勝者が日本で米国以上の独占的シェアで圧勝することも多いのは、このＩＴ舶来主義とでもいうほかない米国／シリコンバレー崇拝に起因するのでしょう。

ＩＴ舶来主義は米国のものを無批判にありがたがる性質を持っていますから、日本のネットの世界を知らない人がネットを理解することをさらに難しくしている理由にもなっています。ネットに詳しくない人が、「これからの時代はWeb 2.0やクラウドです」とか説明されて理解できるわけがありません。ネットに詳しい人だってそれが米国での流行であるという以上のことは、実はよく分かっていないのです。

また、話をややこしくしたのは幾度かあったＩＴバブルです。ＩＴ業界では、米国で流行っているということを、自然の法則のようにみんながありがたがって信じるという傾向を利用して、成功する前から、架空の成功を先取りするような時価総額が株式市場で得られるという現象が起こりました。さらには株式上場をめざすベンチャー企業の時価総額もそれに合わせて高くなり、上場前から多額の資金を集めることが可能になりました。とにかく、本当かどうか分からないＩＴの未来が、みんなで信じることで資本市場からの資金調達という意味では先取りされて実体化したのです。そういう意味でＩＴ／ネットの世界で蔓延している宗教は信じれば現世利益があるのです。

そうなるともう、ITの未来はわたしが説明してあげましょう、という怪しげな指南役たちのいうことも俄然《がぜん》重みを増します。正しいかどうかは、事実で証明しなくてもいいのです。周りを見回して、みんなが信じていれば資本市場がお金を出してくれるわけですから。そうなるとITベンチャー企業の経営者の優劣とは業績をあげることよりも、より、未来の業績の可能性があるという幻想を大きくつくれるかどうかで決まるということになるでしょう。そして、優劣の尺度とは経営する会社の時価総額になるのです。実際にITベンチャー経営者の間ではお互いの会社がなにをやっているかに関係なく、時価総額でもって序列を決めるという価値観が支配的です。

さて、幻想でもって時価総額を肥大化させるノウハウが重要という世界においては、無条件に幻想をありがたがってくれるIT舶来主義というのは大変に都合がいいのです。なにしろ海の向こうのことですから、反論も非常に難しい。また、日本人とは目の前の日本人の理屈は理解できないと信じなくても、目の前にいない偉い外国人の理屈は理解できないと自分が悪いんじゃないかと考えてしまうものでしょう。なので、とにかく本場の米国ではこう言われていますという教義を探しだしてきて、徒党を組んで教えを広めるのは幻想をつくるには非常に効率がいいのです。そして、みんなが信じれば、現世利益も手に入る。そういう構造にあるのです。

ですからネット業界の人がいろいろ未来についてうんちくを語る際に、一般世間の人がどことなくうさんくささを感じるのは、直感としてはとても正しいと思います。

デジアナ世代

日本の上の世代の人間がネットに馴染みがないのでネットのことがよく分からないという状況は、ひとつの興味深い現象を起こしています。それは次の日本を引っ張っていく世代はどこだ、というテーマについてです。

戦後の混乱期と高度経済成長期に日本の牽引力となった若い世代の多くは、歳をとってもそのままスライドして権力を持ち続けました。政治の世界に限らず、そういう長老たちが日本の各界に存在していて、世代交代が進みません。とはいえ、そういう人たちも七〇代、八〇代となってきて、ようやく団塊の世代以下の人たちに権力が委譲《いじょう》されていき、政界でも首相が五〇代まで若返りましたが、どうも、かつての長老たちほどの指導力を発揮するようには見えません。

若くして権力を持ち、自分たちよりも若い人たちを潰していくような強い世代は、もはや現れないのか、と思っていたら、いま、三〇代あたりに面白い人間が出始めていて、しかも彼らはみんなネットワークができていて繋がっているという話を最近聞きます。まあ、定期的にこの手の次世代の話は現れるのですが、ぼくは今回は本物ではないかと思っています。

ドワンゴの取締役の横澤大輔くんは、これからは〝デジアナ世代〟が日本をリードするんだという解説をぼくにしてくれました。デジアナ世代というのは横澤くんの造語です。デジタルもアナログも知っている世代という意味らしいのです。横澤くんは一九八二年生まれで現在三三歳。彼によると自分のふたつ下からひとつ上まで、つまり三一歳から三四歳までが特別な世代なのだといいます。

これは中学時代にポケベルが流行って、高校時代にはPHSが流行った世代なのだそうです。もうすこし上の世代になるとポケベルは高校生のとき。そうなるともう感覚がずれるのだといいます。高校生のときにケータイ文化を体験しているかどうか、そこが分かれ目になるのだとか。彼らはイエ電、つまり自宅の電話機を家族で共有した時代からインターネット、スマートフォンの時代までも全部体験している世代だから、それ以前の世代や、デジタルネイティブといわれるような生まれたときからネットがあたりまえの世代よりも有利で、これからのコンテンツをつくっていくのは彼らデジアナ世代なのだというのです。彼自身は三三歳で彼の定義ではデジアナ世代に入っているので、要するにこれからは自分の時代だと言っているわけだから厚かましい話です。

でも、おそらく純粋なデジタルネイティブよりも過渡期の人間のほうが発想のベースが広くなって有利だというのは一理あるようにも思います。

また、デジアナ世代が本当にデジタルネイティブよりも優れているかの議論はおいておいても、重要なのは、デジアナ世代はネットがもはやよく分からない長老、先輩たちには潰せない最初の世代になっているであろうということです。俺の言うとおりやっていればいいんだと先輩たちが言えない最初の世代に、デジアナ世代がなっているのは間違いありません。

ネットによって、そういう業界の先輩から潰されない世代が誕生してしまったのです。また、デジタルとアナログの端境期《はざかいき》に現れたので、上の世代が理解できなくて潰せないのがデジアナ世代だと定義すると、ＩＴ業界やネット業界では、もっと早くから先デジアナ世代みたいなものが発生していたと考えられるでしょう。最初の先デジアナ世代はおそらくアスキーの西和彦さん、ソフトバンクの孫正義さんだったのでしょう。ただ、それはＩＴ業界という新しく生まれた世界の中だけでの話です。また、西さん、孫さんの世代の下のぼくの世代、さらに下のライブドア堀江貴文さんの世代までも先デジアナ世代に入るかもしれません。しかし、これらの先デジアナ世代の人たちは、同世代の中ではオタクであり少数派だったのです。横澤くんの言う三一歳から三四歳というのは、同世代のすべての人がデジアナ世代になったという意味で特別な世代でしょう。

ＩＴやネットにかかわりのない業界ですら、ネットを理解しているかしていないかによる世代交代が起きつつあるのです。その境界線にいるのがデジアナ世代なのです。

さて、この本はスタジオジブリの機関誌である『熱風』に二〇一二年の一一月号から二〇一四年の六月号まで一八回に亘《わた》って連載された原稿を元にしています。変化の速いインターネットですので、連載中に書いた予想の多くがすでに現実化しつつあります。書籍化にあたり、いいかげんな文章を多少は手直しするとともに、時間の都合で連載時に端折った項目や現在進行しつつある状況に合わせた内容を多少加筆しました。同時に全体の構成も一部を変更しましたので、ご了承ください。

1　ネット住民とはなにか

ぼくは、ネットを理解するためには、まずネットを利用している人には二種類の人種がいることを知るべきだと主張しています。ネットをツールとして利用する人か、ネットに住んでいる人かです。ネットは便利なツールだと思っているか、ネットを自分の居場所だと思っているかによって、ネットへの接し方は大きく変わりますので、このふたつのスタンスの違いを区別することは非常に重要です。

これはどちらが正しいかじゃなくて、根本的な考え方の差ですから、なかなか相互理解が難しく、自分とは違う考え方が存在していることにも気づいていないケースもしばしばです。ネットの炎上事件、コミュニティは実名と匿名のどちらがいいか、オープンなウェブがいいかクローズドなSNSがいいか、そういうネットでは定番の議論がありますが、ネットユーザには二種類いるということが分かっていないと正しい理解ができません。では、このふたつの違いとはいったいなんなのか。ネット＝ツール派とネット＝住処《すみか》派について、それぞれどういうものなのかを見ていきましょう。

ネット＝ツール派というのは分かりやすいです。ふつうの人はこっちです。ネットとはなにか？　ホームページを見て情報を調べたり、ヤフオクでオークションをしたり、楽天やアマゾンで買い物をしたり、食べログでレストランの情報を調べて、グーグルマップで場所を確認する。友達と連絡をとりあうのにメールや最近だったらFacebookやＬＩＮＥを使う。ネットを使うととにかくいろいろ便利になるのです。これが典型的なネット＝ツール派のネットの理解であり利用法です。むしろ、それ以外のネットの利用法なんてあるの？　なんて思っているのもネット＝ツール派の特徴でしょう。ネット＝ツール派は、ネットに住んでいる人がいるということをなかなか理解できないのです。

では、ネット＝住処派というのはなんでしょうか？　ネットが住処ということはつまりネットに住んでいるということです。リアルな現実世界ではなくバーチャルなネットの中に自分の居場所があると思っている人です。現実世界の人間関係よりも、ネットでの人間関係のほうを大切と思っている人です。自分の自由になる時間は、現実世界で過ごすよりもネットで過ごすことを選ぶような人です。

ぼくは後者の側の人間ですが、ではどうしてそういう人が誕生するのでしょうか？　ひとつのパターンとしてはマイナーな趣味を持っている人です。というのも、マイナーな趣味を持っている人が困っている共通のテーマは、同じ趣味を持つ仲間を見つけにくいということです。マイナーな趣味だと、なかなか、自分のまわりの現実世界で同じ趣味の知り合いを見つけるのが難しいのですが、ネットだとかなりマイナーな趣味でも日本中から探せるため、比較的容易に仲間を見つけられるのです。だから、特に現実世界で仲間を見つけにくいようなオタク趣味はネットと相性がよく、現実世界よりもネットに仲間と帰属意識を持つような人間になりやすいのです。

もうひとつのパターンとしてはそもそも友達が少ない、あるいはいない場合です。現実世界でいじめに遭《あ》っている人、落ちこぼれている人、周りから浮いていて友達がいない人、そういう人は、現実世界では居心地が悪くて、ネットが逃げ場所になります。現実ではなくネットのほうでこそ輝ける人生を送れる、人気者になれる、憩いを感じる、そういう人がネット住民になるのです。

ネット住民の歴史

前項でネット住民になりやすい要因として、趣味を同じくするマイノリティがネットを通じて集まるケースと、現実世界に自分の居場所がないケースのふたつの典型的なパターンを挙げました。もちろん、このふたつのパターンは相反するものではありませんから、むしろ両方のパターンが当てはまるネット住民も多いことでしょう。まあ、とにかく、ネット住民じゃないふつうの人にとっては、ネット住民なる存在は考えたこともないかもしれませんが、たしかにネットには、ネットに自分の居場所があると思っている人がたくさん住んでいるのです。さて、では、そういうネット住民は新しい人類の生き方として、今後、増えていくのでしょうか？

結論を先に書くと、一見、未来の生き方に見えるネット住民ですが、現在はネットの中で次第に割合が減少しつつあり、衰退しつつあるというのがぼくの考えです。少なくとも旧来型のネット住民はそういう状況にあると思っています。どういうことでしょうか？

先ほどネット住民(ネット＝住処派)と対比して、ネットをツールとして使う人たち(ネット＝ツール派)の存在を挙げました。実は現在はネットをツールとして使う人たちが大量に現実世界からネット世界に流入しつつあり、ネット住民から多数派の位置を奪い始めた、そういう時期なのです。

昔のネットはネット住民(ネット＝住処派)のほうが圧倒的多数でした。マイナー趣味な人がネットで集まるとネット住民になりやすいとさっき説明しましたが、そもそも昔はパソコンを持っていてネットをやっていること自体がマイナーな趣味だったのだから、あたりまえです。それが、ネットが大衆化するにしたがって、マイナーな趣味からだれでも多少は使っているあたりまえの存在になり、旧来型のネット住民の割合が相対的に減少してきたというのがネット社会の歴史なのです。

分かりやすくイメージするために、衰退しつつある旧来型のネット住民のことをここではネット原住民と呼ぶことにしましょう。そして、ネット原住民(ぼく自身もそのひとりです)から見たネット社会の歴史を紹介しましょう。

ネット社会が一般に誕生したのはインターネットの登場以前、パソコン通信の時代(一九八〇年代後半〜九〇年代前半)からでしょう。この人類が新しく発見した新大陸に最初に移住したのがネット原住民です。このころのネットは趣味を同じくする人々が情報交換できる場といった以上の実用性はほとんどありませんでした。特に仕事や生活に必要なものではなく、あくまで趣味のひとつでしかなかったのですが、現実社会では得られない人間関係を求めて、多数の人が生活の場をネットに部分的にも移し始めたのです。ネット原住民の始まりです。

ネット原住民たちによるあくまで趣味の世界だったネットが変質したのは、一九九五年ごろから普及しはじめたインターネットがきっかけです。旧大陸である現実世界から新大陸のネット世界へ、ビジネスマンたちがやってきたのです。彼らは、新大陸は宝の山だとかいって、わがもの顔で振る舞いはじめ、旧大陸にあったものを次々と新大陸に建設します。銀行、証券会社、商店街、オークション、本屋などなど。さらに旧大陸の企業やお店は次々とホームページというものを新大陸につくります。新大陸を案内する検索サービスというものもはじまりました。旧大陸からの移民者もどんどん増え、もともと住んでいた原住民の居場所は減っていきます。新しい移民者は原住民を馬鹿にして見下しがちです。原住民ももともとは旧大陸からの移住者でしたが、旧大陸での〝身分〟は新しい移民者よりも低いことが多かったからです。さらに新しい移民者は旧大陸の考えや習慣を持ち込み、原住民がこれまで自発的につくってきたルールを守ろうとしません。怒った原住民はたびたび炎上事件を起こして、彼らの流儀に従わない移民たちを攻撃するのです。

これがビジネスマンサイドからではなく、ネット原住民から見たネット社会の歴史です。

ネット住民がなぜ重要なのか

さて、ネット利用者の中では少数派になりつつあるネット住民ですが、いまなお、ネットで起こっていること、今後、ネットで起こることを理解するためには彼らの存在はとても重要です。なぜなら、いまでもネットはネット住民のなわばりであり、彼らが主流派なのです。ネット住民が重要な理由は簡単です。彼らがネットを使っている時間がとにかく長いからです。ネットサービスにおいて、しかも特に初期においてネット住民に支持されることはとても重要なポイントです。彼らはことネットにおいては経験が豊富なぶん目が肥えていますので、どのサービスが優れているか、これから流行しそうかどうかを見分けて、有望なネットサービスであればいち早くユーザになります。そして、いち早く離れていくのも彼らです。

特に日本のネットユーザは世界の中から面白いネットサービスを見つけてくる能力に長けています。これまでもUltima Onlineという最初のMMOと呼ばれるタイプのネットゲームをはじめとして、YouTubeやTwitterが登場したときも当初は米国人のユーザの次に多いのが日本人でした。日本語化などされる以前の話です。

ネット住民はネットのブームの先行指標になるというだけでなく、実際にブームを先導する力も持っています。ネットの世論やムードをつくっているのはネット住民です。なぜかというとネット住民はネットに慣れていますから、ネットで情報を受け取るだけでなく情報発信も積極的におこないます。要するに、よく喋るのです。そして、さらにネットの滞在時間が長いので、何回も喋ります。つまりネット住民はとにかくネットにおいて口うるさくて、実際の人数の何倍、あるいは何十倍もの存在感を持っているのです。もともと、ネットにおいては少なくない人数がいて、それがさらに何十倍もの存在感を示すわけですから、日本のネットの「空気」を決めているのはネット住民であるといっても過言ではありません。そしてネットの流行をつくりだしているのも彼らなのです。

日本のネットの特異性

ネット住民というものが存在するとして、それは日本だけのものか、世界でも同じなのでしょうか。すでに説明した、マイナーな趣味による人間関係は現実世界よりネットのほうがつくりやすかったり、現実世界で居場所がない人間はネットに居場所を求めることが多いという現象は、日本でなく世界の他の国でも起こるような気がしますが、実際のところどうなのでしょう。これについて断言できる十分な知識を持ち合わせてはいませんが、ぼくの個人的な推測をいうと、おそらくネット住民という集団の発生は日本だけではなく世界中で起こりつつあることではないかと思っています。そして日本はネット住民の比率が他の国にくらべて高い、ネット住民先進国であると思っているのです。

ネット住民と呼ばれるような人たちが集まる場所として、日本には2ちゃんねるというものが存在しています。いわゆる匿名掲示板と呼ばれるタイプのネットサービスは日本独自のものと思われがちですが、実際には世界中にあります。米国でも4chanというサイトがあり、そこでおこなわれているコミュニケーションのやりかたや、〝ネット文化〟みたいなものの発生地になっているところ、まともな社会人はたとえ見ていても大っぴらに他人に見ていますと言うのは憚《はばか》られるところなど、非常に日本の2ちゃんねるとよく似ている立ち位置のサイトなのです。しかし、米国の4chanは日本の2ちゃんねるほどの社会的影響力は持っていないようです。

また、ニコニコ動画に代表される日本でのネット上での創作活動の活発さは世界の中でも特筆すべきユニークなものです。日本のネットユーザがネット上の創作活動でつくりだした音楽や動画やイラストは、世界中にネットを通じて拡散しています。グーグルやTwitter、Facebookといったネットサービスでは日本のネットは海外勢に席巻《せっけん》されていますが、ネット発の文化という意味では日本は世界をすでにリードしているのです。それらの現象の根源にあるのは、日本のネット住民の層が極めて分厚く、世界の他の国を凌駕《りょうが》している点にあるとぼくは考えています。

日本のネット住民が他国よりも多い理由は、いくつか想像できます。ひとつはなんだかんだいって、日本はインターネットのインフラ整備が非常に進んでいる国であるということです。もともと、国が狭いわりに経済も豊かで、政府もそれなりにはインターネットを普及させる施策《しさく》をきちんとやった、ソフト面の戦略は難しかったとしても、インフラ整備についてはきちんとやったということだと思います。

もうひとつの重要な要因は、日本には〝ネットに繋げるぐらいには豊かなニート〟がたくさんいたということでしょう。職に就かず親に寄生をつづけるニートの増加は日本の大きな社会問題になりつつありますが、なんだかんだいってもニートの存在を許す日本社会の経済的な豊かさが、同時にネット住民が大量発生する構造をも生み出しているのです。すべてのニートがそうだとはいいませんが、日本ではニートでもネットを利用するぐらいの経済力はあって、そういう人たちはネット住民になりやすいのです。ネットの世論や空気を左右するネット住民の構成員にこうしたヒマだけはたくさんあるニートが多く含まれていることは、ネットで「嫌儲（けんちょ、けんもうなどと読む）」といわれる金儲けの匂いを嫌う風潮があること、ブラック企業やいじめ問題への激しい憎悪があること、などを理解するのには重要なポイントではないでしょうか。

ネット住民は社会的な底辺なのか？

これまでの説明で、ネット住民とは現実社会になじめず居場所がない人、そしてニートなどの要するに〝負け組〟がネットに吹きだまったのかと理解される読者の方がいるかもしれません。だから現実社会に恨みをもっていて、ネットに罵詈雑言《ばりぞうごん》を書き散らすのかと思った方もいるでしょう。

それはある部分は正しくもありますが、単純すぎる理解です。ネット住民の心情はもっと複雑です。彼らは現実社会からのある種の疎外感を持ちながらも、同時に人間社会の進化の先端に自分たちはいるんだという優越感も持っているのです。

これからはデジタルの時代だと言われ始めて数十年、さらにネットの時代が始まるんだと言われ始めてからも二〇年ぐらいがたっています。世の中のあらゆるものがコンピュータやインターネットと無関係にはいられなくなってきている時代、ネット住民が自分たちのことを、ふつうの人よりもネットの世界を知っており、世の中の進む方向を正しく理解していると考えたとしても当然でしょう。ネット住民になることを選んだのは現実社会から疎外されたという消極的な選択肢としての理由も大きな部分を占めているとは思いますが、それ以上にネットの世界は面白くて時代の先端だと自分から望んで飛び込んできた部分も非常に大きいのです。そして自分たちがネットの可能性を早くに見つけ、そこを住処に選んだことには誇りを持っているのです。現実社会への劣等感と優越感がないまぜになったコンプレックスというのが、ネット住民の心性を表す大きな特徴なのです。

リア充と情報強者

ネット住民が持つ劣等感と優越感とは具体的にはどういうものなのか、以下に代表的と思われるものを例示します。

劣等感の例

- 現実社会での友達が少ない。いない。
- 彼女・彼氏がいない。異性と付き合った経験がない。
- 学校などでいじめられた経験がある。
- 自分の趣味の理解者が現実社会にはいない。話すと相手がひく。

優越感の例

- パソコン、インターネットの使い方に詳しい。
- 正しい情報をネットを通じて調べる能力がある。
- ネットでなにが流行っているか、これから流行るかを知っている。
- ネットリテラシーにくわしい(なにをすると炎上するかを知っている)。

この劣等感と優越感をよく表している有名なネットスラングがあります。「リア充」と「情報強者」です。このふたつの概念を理解すれば、ネット住民の持つ劣等感と優越感とはどういうものなのかが分かります。

「リア充」とは、リアル(現実の生活)が充実している(人)、という意味です。具体的には友達や彼女と遊んでいる人のことをリア充といいます。リア充でない人のことを非リアと呼びます。そしてネット住民は自分たちを基本的には非リアであると認識しています。この非リアに認定される条件は、もともとはもっと厳しくて、彼女がいるかどうか、それも人生の中で一度も彼女がいない、風俗経験すらないぐらいじゃないと、非リアであるとみなされませんでした。いまは、彼女が現在いないとか、友達が少ないとかでも自分はリア充ではないと主張できる空気になっています。ちなみにネットで自分はリア充ではないと主張することは重要であり必要なことであるとみなされています。なぜかというと、リア充というのはネット社会では憎悪の対象であり、迫害の対象になるからなのです。

ネット住民がだれかをリア充と呼ぶとき、基本的にはその言葉には敵意が込められています。ネットでよく見る言い回しに「リア充、氏ね」とか、「リア充、爆発しろ」というのがあります。ちなみに「氏ね」というのは「死ね」という意味ですが、ネットではこの当て字を使う習慣がなぜかあります。「氏ね」にしろ「爆発しろ」にしろ、この言い回しが使われ始めた初期は、文字通りの憎しみを込めて叩きつけられる言葉でしたが、最近はお約束の言葉として半分冗談みたいな文脈で使われることが多くなっています。ですが、まだまだ、リア充という言葉に対して本気の憎悪をぶつけるような人たちはネットに多くいるのです。その背景には友達や恋人との人間関係というものをほとんど経験していない人が多く含まれているネット住民たちの劣等感や嫉妬、羨望みたいな感情が根深いものとして存在しているのです。

そしてネット住民たちはリア充であると思われた瞬間に、一部の他の住民たちから大きな攻撃を受けるだろうという空気を察知していて、自分たちはリア充ではないというアピールをすることが多いのです。とはいえ、ここ数年、ネット住民のリア充化みたいな流れは確実に存在していて、次第にリア充的な生活をネット社会においていかに実現できるかみたいな価値観に支持が集まりつつあるのも、最近の傾向です。

とにかく、ネット住民のある種の劣等感みたいな感情に支えられた、リア充的なものへの反感はネット社会に大きな底流として存在しており、一般には成功パターンであるプロモーション手法がネットにおいては通用しなかったり逆効果になったりする理由は、このあたりにあることが多いです。

ちなみにリア充という言葉は現在かなり一般化したため、肯定的なニュアンスの言葉として使用されることも多くなっています。完全に否定的な意味で「リア充」と言いたい場合に使われる似たような言葉として「ＤＱＮ（どきゅん）」というのもあります。

さて、ネットを理解するのに「リア充」と同じぐらいに重要な言葉は「情報強者」です。これはネット住民の現実社会に属する人間に対する優越感の根源となる概念です。「情報強者」の反対の言葉は当然ながら、「情報弱者」です。それぞれ短縮して、「情強」と「情弱」と呼ばれることも多いです。情報強者とは文字通り情報に強い人という意味です。つまりネットで検索したりして最新の情報、正しい情報を手にいれて得をしている人であり、また、だれかに騙されない人である、というような意味合いです。逆に情報弱者とはネットが得意でないため、正しい情報の入手方法を知らず、そのことによってだれかに騙されたりして損をしている人という意味が含まれます。もっと簡単にいうと、情報強者とは、賢い人、であり、情報弱者とは、馬鹿、というニュアンスがあるのです。

ネット住民の多くは自分たちのことを情報強者だと思っており、ネットが得意でない人、使っていない人を情報弱者だといって馬鹿にしています。リア充に対してネット住民は羨望と劣等感の入り交じった感情を抱きながら、一方では情報弱者だと思って馬鹿にしている、そういう構図があるのです。

ネットの一般化と炎上事件

さて、現在、ネットの一般化に伴って、ネット住民の構成が大きく変化しつつあります。旧来型のネット住民であり、先ほどネット原住民と呼んだような人たちが相対的に減少し、いままでネットなんて使わなかったタイプの人がネットの世界に進出を始めました。彼らにとってネットとは、もはや現実社会と地続きであり現実社会の一部なのです。現実社会とは独立したネット社会の住民として自らを位置付け、現実社会の「リア充」に対して劣等感を抱き、同時に「情報強者」としての優越感を持つというネット原住民の根本が大きく揺らぎ始めているのが現在なのです。

新しいネット住民にとってはネットも現実社会の一部です。彼らは現実社会の人間関係をそのままネットに持ち込むことを好みます。ネットだけの人間関係とかをつくろうとはあまりしません。そしてネットを利用する際には匿名ではなく実名で情報発信することをためらいません。

いまや世の中でネットをまったく使わない人のほうが、探すのが難しくなりつつあります。国民のほとんどが、なんらかの形でネットを利用しています。そうなると、ネット住民としても旧来型のネット原住民のほうが少数派になってしまいます。ネット原住民の人たちはネットを現実の一部とみなすような新しいタイプのネット住民のことをどう思っているのでしょうか？　基本的に快く思っていないだろうことは容易に想像できると思います。ネット原住民にとっては、ネットも現実の一部だと主張されることは自分たちのなわばりが現実社会に侵略されたように見えるのです。

ネットの一般化によるネット住民の新旧対立という構図で見れば、ネットで発生しているさまざまな揉《も》め事を理解しやすくなります。基本的には現実社会から独立したネット社会を守りたいネット原住民と、現実社会をそのままネット社会に持ち込みたい人たちの争いなのです。

たとえばネットで匿名の書き込みを批判して、実名でしかネットで発言を許すべきではないと主張する人がいます。実名でしか意見を書き込めないネットにするべきか、匿名で意見を書き込めるネットを維持するべきかという何年も前からずっとある議論です。これは、どちらが正しいかどうかを議論することは無意味です。現実社会での人間関係や社会的立場をそのままネットに持ち込みたい人は実名制を支持しますし、現実社会で居場所がなくネット社会で生きるネット原住民は匿名制を支持します。立場によって意見が異なる、それだけの話なのです。現実社会がネットとさらに融合していく今後は、ますますネットを実名にすべきだという議論が強まるでしょう。一方、現実社会で居場所を見出せないネット原住民ですが、そういう人たちの存在そのものは今後もなくなるわけがありません。だから、ネットが匿名であることを必要とする人たちもなくならないのです。今後も解決は非常に難しいことでしょう。

また、ネットでなにか事件がおこって、多数のネットユーザによって批判にさらされることを「炎上する」といいますが、多くのネットでの「炎上事件」は典型的に、なにか、犯罪だったり、モラルに反する行動をしたことを、実名あるいは実名が特定されるような状態でネットに情報を書き込んだ場合に発生します。ネット原住民は新参者のこういうミスを見逃しません。現実社会をネットに持ち込む人は敵なのです。本来はネット社会への新しい参加者は歓迎されてしかるべきです。ネット社会のルールを間違えても先輩が新人にやさしく教えてあげれば済む話のはずです。しかし、なぜ実際には炎上事件になるのかというと、ネット原住民にとって現実社会に軸足をおいてネットに参加する人はそもそも仲間じゃなく、敵であると思っているからです。

ネット住民の世代間対立

さて、ネット原住民と新しいネット住民との対立構造は、実はネット住民の世代間対立という側面も持っています。ネット原住民は高齢化が進んでいて、若い世代のネット住民との意識の差が拡大しているのです。昔はパソコンやネットをやる人というのは同世代の中ではかなり少数派でした。ですが、いまの若い世代はそもそもほぼ全員がネットを利用しているような環境で育ってきました。デジタルネイティブとも呼ばれる世代では、そもそもネットとリアル（現実社会）との境界があいまいではっきりしないのです。

ネット原住民のほうはネット原理主義者というか現実社会とネット社会は別物で、分けて考えるべきだと思っていて、同時に現実社会への敵意があります。若いネット住民は現実社会とネット社会を一体化して見ています。ぼくが経営するドワンゴではニコニコ動画というサイトを運営していますが、リアルとネットの融合を旗印に二〇一一年、ニコニコ本社という直営ショップを原宿に、ニコファーレというネット専用ライブハウスを六本木につくりました(ニコニコ本社は二〇一四年、池袋に移転)。また、二〇一二年からは幕張メッセでニコニコ超会議という大イベントをやっています。

これらのネットとリアルの融合路線に対してのニコニコ動画ユーザの反応は見事に世代によって分かれていて、反対する人の多くは三〇代以上、一〇代や二〇代は支持する人が多かったのです。

とかくネット原住民は声が大きいのでネットの声というと彼らの意見が目立ちますが、同じネット住民であっても世代によって意識や行動に大きな差があることは意外と気づかれにくいのです。

さて、ここまで日本においてネット住民というものが存在していて、それが、どういう人たちなのかを説明してきました。彼らは一般の人たちからは偏った意見を持っていると思われたり、ネットの炎上事件を起こしたりと、わりと否定的な見方をされることが多いでしょう。ぼく個人がどう思っているかについて意見を述べておくと、ネット住民の行動は、その是非はともかく彼らの立場と心情からは当然の帰結だと思っています。

だから容易には彼らの行動は変わらないだろうとも予想しています。そしてネット住民という存在は日本だけのものでなく、世界的に広がっていく普遍性のあるものだと思っています。日本の豊かさと質の高く安価なネットインフラが、世界に先駆けて日本にネット住民の楽園をつくりました。ですが、時間の問題で日本以外でも世界中で、だれでもネットを利用できる時代がやってこようとしています。

そのときにネット住民の先進国である日本が得た経験は価値の高いものになるのではないか、いや、そうなるように日本は努力するべきだと、ぼくは思っているのです。

2　ネット世論とはなにか

ネット右翼という言葉を聞いたことがあるでしょうか？　嫌韓（韓国を嫌うこと）、嫌中（中国を嫌うこと）みたいな言葉はどうでしょう？　ネットは右傾化が進んでいて嫌韓感情、嫌中感情が強いといわれます。それは一部のネット右翼だけが騒いでいる話だと主張する人もいます。そういえば二〇一二年の党首討論ではニコニコ動画を（自民党支持のネット右翼の多い）偏ったサイトだと非難する政治家も現れました。

実際のところはどうなのでしょうか？

ネットのアンケートの数字は当てにならないことがほとんどです。なぜなら、そもそも興味のある人しかアンケートに参加しませんし、特定の少数ユーザがひとりで何票どころか何十票、何百票と投票して、自分の望む方向に結果をねじまげることが可能だからです。

ニコニコ動画ではネット上での信頼できるアンケートとして、「ネット世論調査」という仕組みをつくり、数年前から実施しています。これはある時刻にニコニコ動画で動画を見ている全ユーザに割り込んで短い制限時間(たとえば九〇秒)を設けたアンケートを表示するシステムです。この方法だとユーザの興味のあるなしにかかわらずアンケートをおこなえますし、ネットのアンケートで最大の問題である少数による大量投票が事実上不可能です。アンケートの種類によって多少数字は増減しますが、だいたい毎回、一〇万人ぐらいの人が回答するネットで最大のアンケートです。

総選挙のときには「ネット世論調査」よりもさらに大規模な「ネット入口調査」というのを実施していて、これはニコニコ動画の登録者が一回だけ半強制的に表示されるアンケートに回答するというものです。これは一日か二日ぐらいの期間でおこないますが、だいたい一〇〇万人以上の人が回答します。

このアンケートで政党支持率の調査をするとき、同時に回答者が「政治や選挙に関する情報をどのメディアから最も得るか」という設問も設けるのですが、この結果と政党の投票先とに非常に面白い関係があるのです。

情報源が新聞なのか、テレビなのか、それともネットなのかで、投票先の政党の割合が明確に変化するのです。

たとえば二〇一二年一二月二七日に実施した「第四六回衆議院議員総選挙　ネット入口調査」では、「新聞」から最も情報を得る層と、「テレビ」から、そして「インターネット」から情報を得る層で投票先には次のような大きな違いがありました。

「新聞」……「自民党」三八・〇%、「民主党」一五・二%、「日本維新の会」一一・三%
「テレビ」……「自民党」二六・八%、「日本維新の会」一八・五%、「民主党」九・二%
「インターネット」……「自民党」五六・六%、「日本維新の会」九・九%、「民主党」三・二%
（参考：「みんなの党」三・三%）

見れば一目瞭然ですが、インターネットを情報源としているユーザは圧倒的に自民党に投票する人が多く、民主党に投票する人は極めて少ない（みんなの党よりもさらに下）ということが分かります。また、テレビで情報を得ている人は日本維新の会支持者が多いことも特徴的です。

ちなみにここで、ネットでのアンケートだからほぼ全員が「インターネット」から政治や選挙の情報を得ているかというとそんなことはなくて、割合でいうと「インターネット」から情報を得ている人の割合は四九・五%とだいたい半分だけで、「テレビ」が三一・六%、「新聞」が九・五%と、既存のマスメディアのほうを政治や選挙においては信頼しているユーザも残りの半分いるのです。

これをどのように解釈すればいいのでしょう。いわゆる世間で世論と呼ばれているものは、自然発生したものではなく、新聞とテレビというマスメディアの強い影響を受けた世論であると考えることができるでしょう。そうするとネット世論が存在するとしたら、新聞とテレビという既存マスメディアに加えて、さらにネットメディアの影響を強く受けた世論であると考えられます。実際のところ、ニコニコ動画の「ネット入口調査」では、ネットユーザの中にネットメディアを従来のマスメディアよりも重要な情報源として利用している人が半分もいて、同じネットユーザの中でもマスメディアを情報源として利用している人とは違った傾向の意見を持つということが明らかにされたのです。この結果を見るとやはりネット世論みたいなものは存在しているし、それはネットメディアの影響を強く受けたものであると考えざるをえないのです。

マスメディアの強い影響を受けた世論というのは要するに新聞とテレビの報道内容、姿勢によって決まるわけですが、ネットメディアの場合はどうなのでしょう？　ネットを情報源として活用しているユーザはどういう情報をどこから与えられて自分の考えに影響を受けているのでしょうか？

ネット世論とはどういうものなのかという問いは、必然的にネットメディアとはどういうものなのかという疑問に転化するのです。

ネットメディアとは、いったいなんなのでしょうか?

ネットメディアとはなにか?

従来の新聞・テレビのようなマスメディアと違って、ネットメディアの構造はちょっと複雑で分かりにくいです。プレイヤーがだれなのかすら、はっきりしないのです。

これはネットメディアがしばしばソーシャルメディアと同義語として語られることが原因です。マスメディアの対義語としてはCGM(Consumer Generated Media)とかソーシャルメディアという言い方のほうが適切でしょう。新聞やテレビなどの数少ない大企業が多くのユーザに情報を発信するマスメディアに対して、CGMやソーシャルメディアとはユーザのひとりひとりがメディアになり情報を伝えるという、なんとなくメディアの民主化みたいなイデオロギー的なプロパガンダとセットになった用語です。これと、ネットメディアが一緒になって使われているのが現状です。本当はネット化したマスメディアだって存在するし、ネットメディアに対比させる用語だったら、紙メディアとか放送メディアとか、いっそ非ネットメディアとか呼ぶしかありません。

マスメディア、ネットメディア、ソーシャルメディアについて、どうせ混乱している用語なので、ここでは日本においてふつうの人が理解しやすいような、つまり多くの人が実質的にはそう

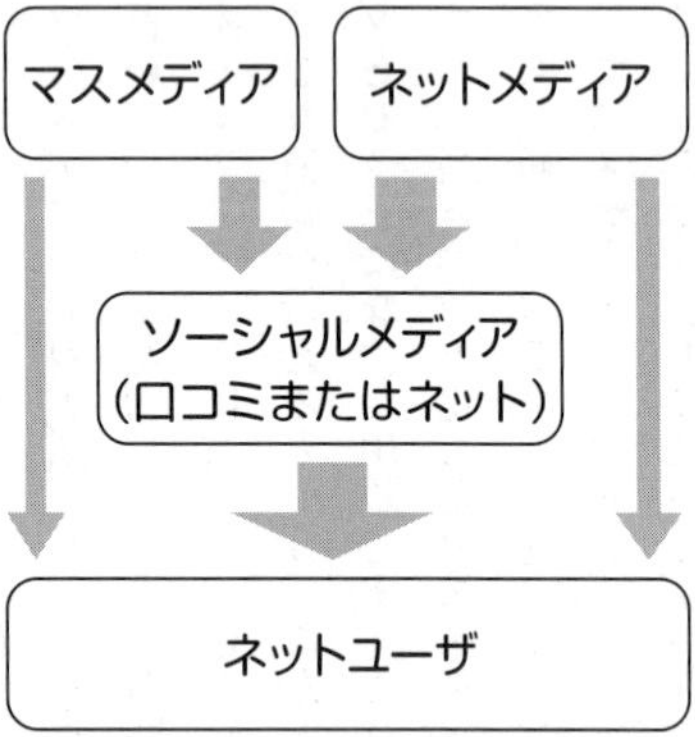

図1　ネットユーザへの情報の伝わり方

いう意味で使っていると思われるのに近い定義を独自にすることにしましょう。

マスメディアの定義（暫定）：新聞と地上波テレビ放送のこと。

ネットメディアの定義（暫定）：ニュースサイト、ポータルのニュースコーナー、ブログ、メルマガ、掲示板、動画サイト、生放送サイトなどネット版マスメディアみたいな働きをするもの。ＣＧＭの一部もここに入る。

ソーシャルメディアの定義（暫定）：Twitter や Facebook のようなＳＮＳなどユーザが自分と近い（親しい）ユーザに情報を発信するメディア。ただし、ネットサービスだけでなく、人間自身でおこなう口コミもソーシャルメディアの一部であると定義する。

マスメディアとネットメディアはどちらも情報の一次発信源であって、ネット以前からあるものをマスメディア、ネットサービスになったものをネットメディアであると捉えるということです。ソーシャルメディアは簡単にいうと、これまでは世の中で口コミと呼ばれていた存在に、ネットで口コミを便利におこなうサービスができたのであらためてソーシャルメディアという偉そうな名前がついただけで、基本的には口コミのことだと理解すればいいのです。そう考えると図1のようにネットユーザがどのように情報を受け取っているのか、非常にシンプルに理解しやすくなります。

図1のポイントを箇条書きにすると以下のようになります。

- ネットユーザも程度はともあれ、マスメディアや口コミの影響は受ける。
- マスメディアにせよ、ネットメディアにせよ、直接、ネットユーザが閲覧する場合もあれば、ソーシャルメディア経由で閲覧する場合もある。
- マスメディアの発信した情報をネット化されたソーシャルメディアからネットユーザが受け取ることもあれば、ネットメディアの発信した情報を口コミで人間から直接聞く場合もある。

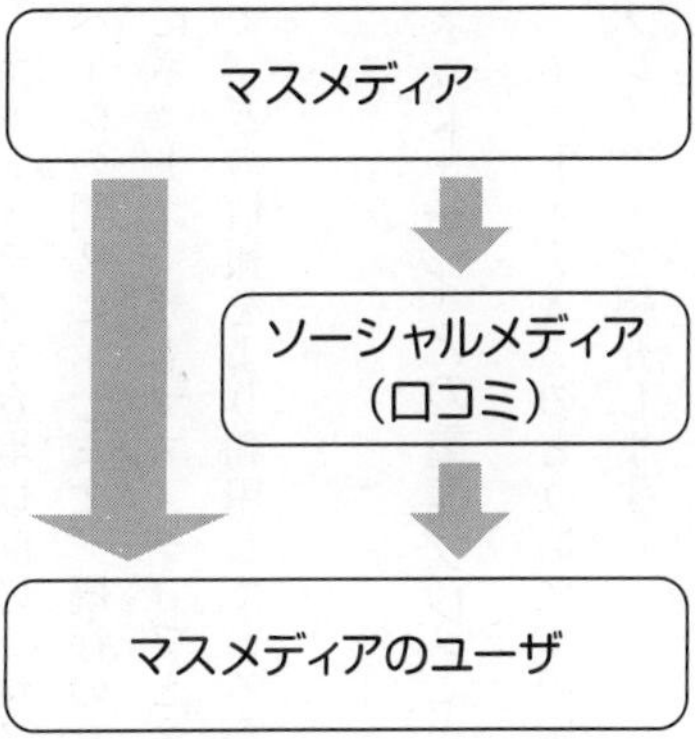

図2　従来のマスメディアの情報の伝わり方

ネットメディア登場以前の、マスメディアからユーザまでどのように情報が伝わったのかを前ページの図2に示します。既存のマスメディアがなくなるわけではありませんから、図1のようにネットユーザもマスメディアとネットメディアを併用しているわけです。そしてユーザによって、どの情報をより利用しているか、信頼しているかが異なるのです。

ネットメディアの重要プレイヤー

ネットメディアのとりあえずの定義を決めてみたところで、日本にある主なネットメディアのプレイヤーを紹介します。

ニュースサイト：asahi.comなどの新聞社のニュースサイト。ITmedia、ナタリーなどの専門性の高いネットニュースサイト。J-CAST、GIGAZINE、ガジェット通信などのネット取材型のニュースサイト。

ポータルのニュースコーナー：ヤフーニュース、ニコニコニュース、mixiニュースなど。

ニュースキュレーションアプリ：SmartNews、グノシー。

動画サイト：YouTube、ニコニコ動画。

生放送サイト：ニコニコ生放送、Ustream。
掲示板：2ちゃんねる。
まとめサイト：2ちゃんねる系まとめサイト、NAVERまとめ。
ブックマークサイト：はてなブックマーク。

新聞とテレビという単純な理解でもあまりさしつかえないマスメディアと比較して、ネットメディアが非常に雑多で複雑な構成をしていることが分かると思います。

ここで注目して欲しいのは、ニュースサイトとポータルのニュースコーナーを分けていることです。実は日本のネットで他のなによりも読まれているニュースはヤフーニュースなのです。そしてなんとヤフーニュースとはヤフーが自分でつくっているニュースではなく、さまざまなニュースサイトのニュースを集めてまとめているだけのサイトなのです。そんなニュースがなぜ一番たくさんの人に読まれているのか、それはもちろんヤフーがニュースなど関係なしに毎日ユーザが大量に訪問するポータルサイトだからです。ついでにニュースが読まれるのです。

同じような構造はmixiニュースやニコニコニュースにもあります。大手SNSであるmixiのトップページにおかれたニュースコーナーは、やはり大量のユーザに読まれるニュースとなります。そして一日八〇〇万人のユーザが見るニコニコ動画で動画の端の一行に必ず表示されるニコニコニュースも巨大アクセスを集めるニュースサイトになるのです。

専門ニュースサイトではなくポータルのニュースサイトのほうを大勢の人が見る現実をどう受け止めればいいのでしょうか？　とんでもないことだ、世も末だと憤る人もいるかもしれません。これは過渡的な現象なのでしょうか？　それともネットが一般化していく今後も変わらないのでしょうか？

結論からいうと基本的には今後も変わらないと思います。理由は簡単で、従来の新聞とテレビは宅配制度や電波の割当により市場を寡占《かせん》しましたが、自由競争であるネットメディアではポータルの集客力によって寡占するからです。

従来型のマスメディアである新聞・テレビは口コミなどのソーシャルメディアなしでも、宅配制度に支えられた数百万人規模の読者だったり、各家庭に普及したテレビ受像器によって利用者に情報を届けることができます。

ところがネットメディアにおいては、そういう宅配や放送免許みたいな利用者に強制的に情報を届ける働きをするのはポータルとしての集客力なのです。ポータルというのは〝玄関〟という意味の英語ですが、ユーザが習慣的に毎日アクセスする場所のことです。大手新聞社のニュースサイトが紙の新聞に比べてネットで圧倒的に影響力が小さいのは、宅配制度やキオスクの新聞売り場に相当する情報の流通経路を独占または寡占できていないからです。地上波テレビ局といえどもネットでなかなか存在感を発揮できないのは、やはり電波免許のような情報流通を寡占する仕組みがないからです。

ネットで従来のマスメディアのビジネスが危機を迎えている根本的な理由は、独占していた情報の流通経路がネット企業に奪われ、情報の発信者としては個人とすら競争しなければいけないという完全自由競争の中に放り込まれたからなのです。

ニュースサイトの進化

既存の大手マスメディアが不利な構造について、また別の理由も説明しましょう。ニュースサイトを例にとります。新しく出現したニュースサイトについてです。ニュースサイトは前述のように新聞社もやっていれば、ベンチャー企業などが立ち上げたネット専門のニュースサイトもあります。そして新聞社のニュースサイトは当然のことながら、新聞のように全ジャンルをカバーした総合ニュースサイトになります。ですが、これが先ほどから説明している情報の流通経路を他のネット企業に押さえられたニュースサイトとしては不利な形態です。

なぜなら、ヤフーニュースのようにいろいろなニュース媒体の面白いニュースだけをつまみ食いして集めたポータルの総合ニュースサイトと競争しなければいけないからです。しかも自分のところのニュースもポータルに提供している場合は、面白い記事だけ選ばれて目立つ位置に掲載されたりするわけですから、やっぱりポータルのニュースのほうが面白くなるに決まっています。かといってヤフーニュースに自社のニュースを提供するのを拒絶したところで、ヤフーは他の会社のニュースを掲載すればいいだけですし、ユーザを現実に多く抱えているのはヤフーなどのポータル側なのです。

そうなるとニュース提供側はポータルに掲載されるニュースに選んでもらえるように得意分野を決めて専門性を高めていったほうが有利になります。資本力が既存の大手新聞社ほどないこともあって、必然的にネット発のニュースサイトは専門分野を絞り込む方向に進化しました。どうせ自分のところのニュースサイトへのアクセスなんて微々たるものですから、ニュースを提供しているポータルで話題になることのほうが重要なのです。

また、スマートフォンの普及に伴いニュースキュレーションアプリというのも登場しました。これもポータルの総合ニュースサイトのようにさまざまなニュースサイトのニュースを集めて、ユーザごとに面白そうなニュースを優先的に表示するサービスです。これはポータルの利用者についでにニュースを提供するというモデルではありません。強いて言えばポータルに総合ニュースサイトをくっつける代わりに、スマートフォン自体にニュース機能をアプリとしてくっつけたサービスであると言えるでしょう。ポータルの総合ニュースサイトと違って独占できるわけではありませんので、このジャンルではいくつかのニュースキュレーションアプリが競争をしています。

さらにはJ-CAST、GIGAZINE、ガジェット通信のようなネットに適応して進化した新しいタイプのニュースサイトも出現しました。彼らはリアル(現実)を取材するのではなく、ネットを取材するネットメディアなのです。大手新聞社などはこれまで何千人もの記者を全国各地に配置して、足で取材して記事を書いてきました。ネットに適応したニュースサイトの記者たちは数人からせいぜい数十人の規模でネットを検索してネットで話題になっていること、面白そうな出来事を探し、そのまま記事にまとめるのです。

ネットで話題になっていることの元ネタは膨大な手間をかけて書いた従来のマスメディアの記事だったりしますが、別にその記事そのものをパクるわけではなく、その記事へのユーザの反響だったりを現象として報道する分にはケチのつけようがありません。コストパフォーマンスの非常に良いネットに適応したネットメディアなのです。しかし、従来のやりかたで記事をつくっているマスメディアからすれば、全部がそうではないにせよ、自分たちのつくったニュースから派生したニュースで勝手に商売されたりもするわけですから、面白くはないでしょう。

ユーザがつくるネットメディア

これまでのマスメディアにはなかった大きな特徴を持つ、新しいタイプのネットメディアについて紹介しましょう。これまでのマスメディアは情報の送り手（記者や番組制作者）と受け手（読者や視聴者）が完全に分かれていましたが、ネットメディアでは利用者自身も情報の送り手になれるようなサービスが人気を集めているのです。

これらをＣＧＭと呼んだりＵＧＣ（User Generated Content）と呼んだりします。まあ、同じ意味だと思ってもそれほど間違いではありません。ニュアンスでいうとユーザが提供する情報がニュース寄りで解釈されるとＣＧＭで、コンテンツ寄りだとＵＧＣになります。まあ、だいたい同じ意味で使われることが多いのであまり使い分けを気にしなくてもかまいません。

ＣＧＭサイト／ＵＧＣサイトというのはサービス提供者が情報を提供するのではなく、サイトの利用者が情報を提供してしまうタイプのネットサービスを指します。たとえば2ちゃんねるやYouTubeがその例です。新聞社のニュースサイトは記者が記事を書いて読者は記事を読むだけですが、2ちゃんねるの場合は読者が同時に書き手になる場合もあります。一部の読者が記事も書き、他の読者がそれを読むのです。YouTubeの場合も同じでテレビ番組はテレビ局が制作しますが、YouTubeは利用者自身が投稿した動画を他の利用者が視聴できるのです。このように本来は消費者である情報の受け手が情報の提供者になっているようなメディアをCGMと呼びます。

こういったCGMサイトはネットにおいてマスメディアの代替物といえるのでしょうか？　別の言い方をすると2ちゃんねるのような掲示板、あるいはニコニコ動画やYouTubeのような投稿型動画サイトはマスメディアと比肩《ひけん》しうる影響力を持てるのか？　あるいは影響力を持っているとすればその源泉はなんなのかという話です。

利用者の人数自体はもうマスメディアだといっても過言ではない規模ですが、なぜ、本当にマスメディアと比べていいのかという疑問がでてくるかというと、たとえばYouTubeに自分の生まれたばかりの赤ちゃんの動画をアップしたとします。たいてい見るのはメールで教えた家族と親友だけです。こういう主に身内にしか見られない動画がYouTubeに投稿される動画の大半だろうと思われますが、こういうものの集合体と従来のテレビ放送局を比較するのがはたして適切なのかという問題です。マスメディアではなく、マイクロメディアのたんなる束じゃないかという批判もできるわけです。

テレビで放送すると、全国放送なら視聴率一%でも一〇〇万人が自動的に見るわけです。YouTubeに毎日大量に投稿される動画は、いったいだれが見るのでしょうか？　YouTubeの場合はいろいろなサイトがYouTube向けの派生サービスをつくっていて自動的にロボットが

YouTubeを巡回します。そういうロボットはどんな動画でも見てくれるでしょう。でも、毎日、投稿される膨大な動画をいちいち見ている人間のユーザなんてたいしていないと考えたほうが現実的でしょう。いくら合計したアクセスが膨大だとしても、マスを動かせないならテレビのようなマスメディアの代替にはなりません。

CGMサイトをマスメディアと比較すべきネットメディアに分類するのは、実は間違いなのでしょうか？ ぼくはある意味では、その通りで間違いだと思いますが、実はCGMサイトの中にはマスメディアと比較可能なネットメディアだと呼べる要素はちゃんと存在していると思っています。それはランキングシステムです。ランキングなどのある特定の情報だけを優先的にユーザに表示する仕組みが、CGMサイトがネットメディアたりえるマスメディア的な要素なのです。

先ほどブックマークサイトである「はてなブックマーク」もネットメディアの代表プレイヤーのひとつとして挙げました。ブックマークサービス自体は個人の備忘録みたいなサービスなのに、なぜ、それがネットメディアと呼べるような働きをするのかというと、はてなブックマークには人気エントリーというランキングのコーナーがあり、そこをチェックしているユーザがたくさんいるからなのです。また、2ちゃんねるという有名な掲示板はランキングこそありませんが、板と呼ばれるジャンルごとに分かれています。そしてトピックがどういう順番で表示されるかというと、最新の書き込みがあった順番なのです。これは近似的にランキングと同じ働きをするのです。

ＣＧＭ／ＵＧＣサイトのマスメディアとしての影響力はユーザ数ではなく、同時になにかの情報を与えられる人数規模で考えるべきでしょう。そう考えた場合にはランキングを常にチェックしているユーザの人数、あるいはトップページのお知らせを読む人数とかはそのサイトのマスメディアとしての影響力を考える重要な尺度となるでしょう。もちろん、これはネットメディアだけの話ではありません。新聞であれば社説を毎日読む人数がどれぐらいいるか、一面トップの記事を読む人数がどれぐらいいるのか、そういったことと同じなのです。

また、リコメンドといって、あるコンテンツを見たユーザに別のコンテンツをお勧めする機能も同様にユーザに特定のコンテンツを見せるマスメディア的な影響力の源泉になりうるといえるでしょう。

ソーシャルメディアとはなにか？

続いて、ソーシャルメディアについても見ていきましょう。ソーシャルメディアとはネット化された口コミだと書きました。つまりソーシャルメディアはネットメディアであっても、本質的にはマスメディアではないと認識すべきだということです。ネットとデジタルの力により、より強力に進化した口コミであると考えるといろいろと理解しやすくなるのです。

一応、これはネット上で検索してでてくるソーシャルメディアの定義とは大幅に異なるということを言っておきましょう。Web 2.0の概念のひとつだとか、コンテンツの消費者が、これからはソーシャルメディアによってコンテンツの生産者に変わるのだとかいう、分かったようでよく分からない説明がソーシャルメディアという単語を検索するとでてくると思います。

ネットででてくる新しい概念を表す用語には、しばしばこういう現象が起こります。それは本当に画期的で重要な概念を新たにつくりだしている場合もたまにはありますが、多くの場合は、従来の言葉でも十分に説明できるはずなのに、あえて新しい言葉をつくり、具体的でもなく分かりにくくて厳密性も欠くような定義を与えているだけに見えます。こういうものをネットではバズワード(buzzword)といいます。Web 2.0だとか、クラウドだとか、ソーシャルメディアだとか、だいたいネットの流行になるような新しい用語はバズワードと呼ばれて攻撃されます。また、実際にバズワードと呼ばれてもしかたない曖昧さでもって、いろいろな人がいろいろな解釈をしながら、そういう新しい用語を使いだすのは、IT業界の恒例の行事でもあります。

なぜ、ネットにはバズワードと呼ばれる新しい用語がたくさん登場するのか、ぼくが考える構造は以下の通りです。

まず、どこの世界でもそうだと思いますが、専門用語が堅苦しくとっつきにくくなる理由のひとつは、こけおどしです。ＩＴやネットが社会に普及する過程において、ＩＴやネットに詳しくない人に対するコンサルタント的な役割を果たす人にとっては、専門用語は高尚そうで難解に見えるほうがいろいろ都合がいいのです。コンサルタントでなくてもＩＴで先行的にビジネスをおこなっている人たちにとっては彼らのやっていることが難しそうに見えたほうが自分たちの評価が高まるし、参入障壁にもなるでしょうから、商業的なソロバンを弾いても、それらしく小難しい専門用語があったほうが便利です。従来の言葉で説明できるような概念でも、いや、それとはちょっと違うんです、と別の言葉を与えたほうが得をするのです。

これだけだったら、どこの世界でも同じなのですが、ネットの世界で話をややこしくしているのは、もうひとつ、ネットの世界特有のイデオロギーみたいなものが絡んでいるせいだと思います。ネットにかかわる人たちが共有している考え方や価値観、仮にネット文化とでも呼ぶべきものが存在するとします。実際、そういうネット文化というものは存在すると思うのですが、その底流にはネットを通じて世界をよくしていこうという理想みたいなものがずっとあるのです。そしてネット文化の主な源流はパソコン文化になると思いますが、それらのはじまりからずっと共有されている感覚というのがあります。それはパソコンにせよ、インターネットにせよ、これは歴史的な大事件であって、産業革命あるいは農耕の始まりに匹敵する人類史上の革命であり、ぼくらはそれに立ち会っているのだ、という認識です。

自分たちが歴史的な革命の当事者であるという認識を持つようなパソコン文化やネット文化の担い手たちは、どちらかというと社会の主流からはみだした人たちが多かったことにも関係するのかもしれないですが、この新世界から生み出される知識だったり環境をユーザひとりひとりが平等かつ無償で享受できるべきであるという、少し共産主義的にも見える理想のようなものを持っている人が多いのです。ネットの世界で新しい概念を示す用語にイデオロギー的なニュアンスが入り込む要因のひとつには、このネット文化に伝統的に紐付《ひもづ》いている理想主義があります。これがまた結構、強固であり、半ば宗教的な信念となって存在しているのです。このようにビジネス的な思惑にネット文化にあるイデオロギー的な要素が絡み合っているのがややこしくて、ネットの世界では定期的に世の中をどこかしらへ誘導しようとするバズワードが誕生し、分かりにくくなって、むしろ正しい理解を妨げるとしか思えないような説明がついてくるのです。

さて、少し話が脱線しました。ソーシャルメディアとは進化した口コミであると理解するべきだというぼくの主張の話でした。口コミがネットによってどのように進化をしたのか、ネットの口コミと従来の口コミとの違いを列挙するとよりハッキリするでしょう。

・口コミは人間個人の行動範囲に存在する知人にしか伝わらないが、ネットだとどんなに遠い人にでも瞬時に伝わる。

・同時に伝えられる人数が口コミだと目の前に集められる知人だけだが、ネットだとすべての知人に伝えられる可能性がある。
・口コミは目に見えにくいが、ネットの口コミはどれぐらい拡がっているか視覚化が可能である。
・情報を伝える知人への影響力そのものは、対面の口コミよりネットのほうが劣る。

多少は短所があるものの総合的にネットの口コミは従来の口コミよりも伝播範囲が大幅に広く、伝播速度も上昇していることが分かります。そして重要なのはもともと世論形成やヒット作品の成立にも大きな影響があるといわれていたけれども実態がよく分からなかった口コミが、ネットだとある程度は可視化されることです。

具体的に、ソーシャルメディアにどのようなものがあるのかを例示しましょう。一般にソーシャルメディアと呼ばれるものには、SNS系のソーシャルメディアとUGC系のソーシャルメディアがあります。この分類も、ぼく独自のものですからお気をつけください。

■SNS系のソーシャルメディア：Facebook、Twitter、mixi、LINE、メール、Skype

■ＵＧＣ系のソーシャルメディア：YouTube、ニコニコ動画、Amebaブログ、２ちゃんねる、ヤフー知恵袋、発言小町、クックパッド、食べログ

ＳＮＳ系のソーシャルメディアの分類にメールやSkypeが入っていることに注意してください。これらは一般的にソーシャルメディアだとはあまりみなされていません。しかしぼくの主張は、ソーシャルメディアはネットのツールにより進化した口コミであるという定義がより適切であるというものですから、メールやSkypeは当然ソーシャルメディアに分類されます。実際、発言ログが残っているSkypeや、友達ごとにフォルダ分けされたメールなどと、ＬＩＮＥやTwitterとの違いは非常に微妙であり、ほとんど同じ役割を果たします。

ＵＧＣ系のソーシャルメディアは口コミという観点から考えると、ＳＮＳ系のソーシャルメディアとは区別する必要があると思います。……しかし、書いてみてあらためて思いますが、本当に考えれば考えるほどソーシャルメディアという用語はくだらなくて曖昧で分類方法としては役に立たない言葉です。でも、まあ、みんなが使っているんだから、しょうがないですね。

ともかく、ＵＧＣ系のソーシャルメディアの特徴は、実際の口コミとしての情報の伝達がＳＮＳ系のソーシャルメディアによっておこなわれている点です。ＵＧＣ系のソーシャルメディア自体の口コミの伝播能力は、それほど強くないことが多いのです。そして前の章で書いたように、

UGC系のソーシャルメディアにあるランキングなどの仕組みは、口コミというよりはマスメディアとしての働きをしているのです。YouTubeを例にとるとランキングやお薦め動画を通して、たくさんの人にある動画を見てもらうような働きを持っています。一方で自分の家族の赤ちゃんが遊んでいるようなプライベートな動画もたくさん投稿されていますが、そういう動画を自分の身近な人に報《しら》せる仕組みはYouTube自身も持ってはいるものの、あまり使われていません。大多数の人はFacebookやTwitterやメールなんかで周りの人に教えるのです。

さて、ソーシャルメディアとはなにかということについてまとめていきたいと思います。

まず、ソーシャルメディアとは従来のマスメディアと対置される概念として登場した言葉です。そして多くの人がマスメディア対ソーシャルメディアという文脈でこの用語を使っています。そういったことを考えるとソーシャルメディアは進化した口コミであると考えるべきだというのが、ぼくの主張です。そしてそういう口コミがUGCサイトのように多数の人への情報発信をおこなう役割を果たしているときは、それはマスメディアに対置される概念としてのソーシャルメディアではなく、たんにネットに出現した新しいタイプのマスメディアのひとつであると考えたほうが妥当じゃないかと思うのです。

ソーシャルメディアを利用したプロモーション

さて、ネットメディアの全体像がだんだんと見えてきました。ネットメディアはUGCサイトのような新しいタイプも含めたマスメディアと、進化した口コミであるソーシャルメディアのふたつに大きく分類して理解すればいいのです。そしてネットメディアではマスメディアの数がとにかく多くて、口コミの力がやたら強いというのが特徴です。

ネットメディアをより理解するために、ネットメディアを使ってある情報を広げようとする場合にどういう手法があるのかという観点から説明していきましょう。

ネットメディア上でのマスメディアは数が多くて、影響力はそのぶん小さくなります。その埋め合わせを、強力な口コミとしてのソーシャルメディアを使って、なんとかできないでしょうか？

ソーシャルメディアは視覚化もできるし、影響範囲も大きく、瞬発力も上がった口コミではあります。しかし、所詮《しょせん》口コミには違いありませんから、情報伝達の手段として考えると、実は利用方法が難しいのです。

口コミを使って情報を流通させる手法をバイラルマーケティングといいますが、自然発生的な口コミではなく、人為的に口コミを発生させるのは、そんなに簡単なことではありません。伝統的な方法としては、いわゆるサクラです。だれかに頼まれて情報を伝達していることは伏せて、あくまで本人自身の意見であるとして、口コミを広めてもらうのです。もともと人間がマスマーケティングよりも口コミを信じやすい傾向があるのは、口コミは宣伝ではない本当の情報だという思い込みがあるからです。そういう信頼を利用して、ある意味では騙《だま》して情報を広めるわけですから、バイラルマーケティングと呼ばれる、名前だけはかっこいい手法にはどうしてもうさんくささがつきまといがちなのですが、代表例を紹介しましょう。

宣伝であることは伏せて宣伝することをステルスマーケティングと呼びます。ステルスマーケティングにはいろいろな手法がありますが、ネットで「ステマ」と呼ばれて非難されるのは主にバイラルマーケティングとステルスマーケティングが組み合わさった形です。お金を渡して、自分が気に入った商品であるといって宣伝してもらったりする行為です。こういうことを依頼するのは影響力が強い人がいいので、有名人だったりネットでの知り合いが多い人のほうが有効です。また、ひとりでは効果は限定されますので、数多くの人に同じことを依頼するのが一般的です。

ステルスマーケティングをシステム的に組み込むやりかたもあります。アフィリエイト（成果報酬広告）と呼ばれるものなどがよく使われます。たとえばECサイト最大手のアマゾンではアマゾンアソシエイト（アフィリエイト）というシステムがあり、なにかの商品を自分のホームページとかに貼ってそれを経由して購入した人がいた場合は、商品価格の決まったパーセンテージがホームページ開設者に支払われます。人気ブロガーはよく書評の記事を書きますが、これは自分の薦めた本を購入する人からの売上のキックバックを、本を売る側からもらうことが目的の場合が多くあります。だんだんユーザもこの構造には気づいてきていて、アフィリエイト目的の記事などを嫌う人も増えています。

このように口コミを使った情報の流通を直接に無理矢理つくる方法はなくはないですが、あまり勧められたものではありません。口コミはやはり自発的に発生させるものなのです。したがってソーシャルメディアの口コミを利用するためには、直接的なものよりも、やはりマスプロモーションを起点にするのが基本です。補助的な手段として、口コミが発生しやすいようなソーシャルメディアの利用法を考えるべきなのです。Facebookがあれほどの巨大なユーザを持ちながら、なかなかFacebook発のヒット商品とかブームとかが生まれにくい、プロモーション媒体になりにくい理由は、このあたりにあります。

つまりネットメディアにおいても口コミを喚起するための正当な宣伝手法はマスメディアを使うことなのです。そしてネットには、まだテレビほどの巨大な影響力のあるマスメディア的なものは存在していないのです。これが、いまだにネットのムーブメントを起こすのにもテレビがもっとも重要なメディアである理由ですし、また、テレビをまったく見ないような若い世代に対してはなかなか有効なプロモーション方法が存在しない理由です。

マスメディア的なネットメディアとクラスタ

さて、ネットメディアの中でマスメディア的な働きをしているものにはどういうものがあるのか、再度、考えてみましょう。ネットメディアにおいてたんに情報を発信するだけのニュースサイトの影響力は、従来あったテレビや新聞の社会よりはずいぶんと小さくなっています。ネットで重要なのは人の流れです。ネットで人の流れが集まる場所にどういう情報を流せるかが重要なのです。

ネットでどういうところに人が集まっているかですが、基本はユーザを多く抱えているサイトの閲覧者の多いページです。トップページとランキングなどです。

- 大規模サイトのトップページ：ヤフージャパン、ニコニコ動画、mixi、Ustream など
- 大規模サイトのランキング：Twitter（トレンドワード）、まとめサイト、はてなブックマーク、ニコニコ動画など

こういう場所に掲示される情報は多くのネットユーザが目にしますので、その段階で一定数のユーザに認知されることが可能です。しかしながら、ネットで話題になるためにはそれだけでは不十分で、ちゃんとソーシャルメディア上で話題になる必要があります。なぜなら、ネットには

ソーシャルメディアでしか情報を得ていない人もたくさんいるからです。そういう人は身近な人が話題にしない限り、あらゆる情報が目に入らないのです。

そのためには、大勢の人に〝身近な人〟だと思われているネットの著名人が話題にするかどうかが非常に重要です。そういう影響力の大きいオピニオンリーダーのことをインフルエンサーと呼びます。ネットで口コミが発生するには、彼らインフルエンサーがその情報に飛びつくかどうかがポイントなのです。

SNS的要素の強いソーシャルメディアでは現実世界で仲がいい人や価値観や趣味が近い人が集まる傾向にあります。そういう集団のことをクラスタと呼んだりしますが、クラスタの中で影響力のある著名人の意見は、同じクラスタの中の別の人も影響されやすくなります。そうするとそのクラスタ内でしか情報を得ていないような人には、周りの人すべてが同じ意見を持っているように見えます。そしてそれが世間全体であるように錯覚しやすくなります。

マスメディアよりもソーシャルメディアの影響が強いネットメディアにおけるプロモーションの最終目標とは、こういういろいろな切り口で分けられるクラスタ内で共通の意見をつくりだせるかどうかにあるのです。

クラスタとはいったいどういうものか、もうすこしイメージを共有する必要があるでしょう。クラスタは基本的には自然発生的にできるものです。本人がそのクラスタに所属していると自覚している場合もあればしていない場合もあります。ひとりが複数のクラスタに属する場合もありますし、むしろ、それがあたりまえでしょう。小さなクラスタから大きなクラスタまであります。

そして同じクラスタに属している人たちが共通に知っている話題とか、有名人だとかが存在します。たとえば宇宙に関心のある人たちの宇宙クラスタとか、料理が好きで料理の情報を交換し合う料理クラスタとか、政治に関心のある人の政治クラスタとかもあるでしょうし、ネット世論みたいなものも、ネットを利用している人全体が自動的に所属するような巨大なクラスタ内の意見であると考えることができるでしょう。ネットではこういう集まりが自然にできていくのです。

これにはいろいろな理由がありますが、基本はネットのほとんどのサービスがユーザが興味をひかれるであろう情報だけを選んで見せるようなタイプの設計をしているからです。お気に入りサイトをブックマークしたり、Twitter で好きな有名人をフォローしたり、一度、購入した商品と似た商品を買うように薦められたり、ニコニコ動画にユーザがつけている特定の〝タグ〟を毎日チェックしたりと、ネットは自分が見たい情報だけが見えるようになる仕組みが溢れているのです。そして自然とバーチャルな世界なのにもかかわらず、現実の世界と同様にユーザの行動範囲と住処が固まっていくのです。

ネット世論の工作

ネット世論とはどういうものかは、ネットユーザが影響を受けているネットメディアがどういうものかで決まります。これまでの説明でネットメディアとはどういうものか、基本的な構造はだいたい説明をしました。マスメディアよりも進化した口コミであるソーシャルメディアの影響が大きな世界というのが、ネットメディアの特徴です。一般に世論というものはテレビや新聞などのマスメディアがどのように報道するか、情報を流すかに大きく左右されます。ネットも同じくマスメディアから流れてくる情報が非常に重要なのですが、ネット世論に特徴的なのはソーシャルメディアが口コミとしてとても強力であり、しかも可視化されていることと、さらにはソーシャルメディアを起点とした情報の拡散システムがあることでしょう。

ソーシャルメディアで影響力の大きな人間をインフルエンサーと先ほど呼びましたが、そういうインフルエンサー自身が情報発信をおこなう場合に、彼ら自身が小さなマスメディアであるとみなせるような影響力を発揮するのです。

ソーシャルメディア上で強力な影響力を持つ代表的な人物に堀江貴文さんや津田大介さんがいますが、彼らなどは、自分たちが発信する情報のファンの一部を有料メルマガの購読者にすることで十分にビジネスまで成立させてしまいました。堀江さんの例ですと月額八六四円のメルマガ購読者が一万人を超えていて、それだけで年商が一億円となり、個人が生活するうえでは十分な収入です。堀江さんと津田さんの成功が引き金となり、ネットに個人で十分な収入を得られるジャーナリストが何人も誕生したのです。このように、ネット世論を動かす存在にインフルエンサーと呼ばれる人たちがいて、その中で経済圏も生まれつつあるという現象が起こっているのです。

もうひとつネット世論の重要な要素である、ソーシャルメディア上での口コミを拡散させる手法について説明しましょう。これはネット世論を自分の望むように動かす工作活動の手段でもあります。

ネット世論を操作することはネット工作などと呼ばれたりしますが、これはソーシャルメディアを利用すれば簡単です。要するにひとりが一〇〇人分や一〇〇〇人分の書き込みをして、同じ意見を持つ人が一〇〇倍とか一〇〇〇倍いるように見せるのです。これまで何度も言及しているネット原住民には二四時間ヒマなニートの人もたくさんいて、そういう人たちが昼夜を徹して書き込みを続ければふつうの人が束になっても勝てません。

また、ボット(bot)といって機械に同じメッセージを書き込ませる方法もあります。ただ、こちらの場合は見ていて、明らかに機械で同じメッセージをコピーしているだけだというのが分かるので、読んだネットユーザは逆に嫌悪感を持ったり、たんに無視するようになったりします。このため、本当に人間に読ませたい場合にはあまり使われません。

ボットが多用されるのは人気サイトのランキング工作をする場合です。たいていのサイトのランキングは閲覧数とブックマーク数で決まりますから、これをひとりで増やすのです。カウンタの数字を増やしてランキング入りさせれば、自動的に多数の目に触れるコンテンツになります。あまり変なコンテンツがランキングに入っているとサイトの信頼が下がるので、人気サイトはこういった工作対策に時間をかけていますが、工作側のツールも進化するのでいたちごっこです。

さて、ソーシャルメディア上で話題になっている情報をさらに増殖させる方法として機能しているのがまとめサイトという存在です。まとめサイトはもともと2ちゃんねるまとめサイトなどと呼ばれていて、日本最大のネット掲示板である2ちゃんねるの書き込みを読みやすく編集して保存する個人ブログの集合体としてスタートしました。

最初はFC2ブログやライブドアブログなど、一般のブログサービスを利用してつくられていましたが、いまはNAVERまとめというまとめサイト作成専用のサービスも人気になっています。また、まとめる対象の書き込みも当初は2ちゃんねるだけでしたが、いまはTwitterや、もしくは、ネットニュースのたんなる引用など、ネットの情報全般をまとめるようになりました。

まとめサイトというのはなかなか人気があって、実は2ちゃんねるの書き込みも2ちゃんねるで見るよりもまとめサイト経由で見る人のほうが、もはや多いといわれています。まとめサイトの管理人にはアクセスに応じて広告収入が入るので、とにかくアクセス数を増やすために、わざと炎上するようなタイトルをつけて情報をまとめるのが腕の見せ所になります。

これが先ほどから説明しているネット工作と、特に炎上を目的とする場合に相性がいいのです。まとめサイトの管理人は、アクセスを増やして広告収入を増やすのが目的ですからとにかく過激なタイトルをつけたがります。嫌韓や嫌中、いじめ問題、ブラック企業、偉そうな発言、オタクを馬鹿にする発言などネットユーザが怒りやすいテーマはいくつかパターンがありますから、そのパターンにあてはめてタイトルを決めます。記事の中身とタイトルが実際は違っていてもかまわないのです。

そうするとその記事で怒ったネットユーザがソーシャルメディアで悪口を書きます。さらにその悪口を別のまとめサイトがまとめて、また別の記事をつくったりするのです。こうなって情報がループしていくと、もはや原典がどこかもよく分からなくなってきます。そもそも原典もなくて、たんなるソーシャルメディア上のデマからスタートしてマッチポンプで記事をつくることも可能なのです。

このようにまとめサイトとソーシャルメディアで情報をループさせることで嘘の情報も真実になるという構造がネットにあることを、ぼくに教えてくれたのは2ちゃんねるの創設者の西村博之くんです。この構造で大きな騒ぎになると、今度はふつうのネットニュースとか、はては新聞やテレビまで報道することがあるのが現在ですから、さらに炎上は止まらなくなるのです。

ネットユーザたちがマスメディアへの不信感を持っているのはマスメディアが正しい情報を発信していないと思っているからです。特定の見方を押しつける偏向報道や、なにかを買わせようという広告に溢れているのがマスメディアの流す情報だと思っているのです。それに対してネットには真実の情報がある、そう多くのネットユーザは主張しています。それはある意味正しいでしょう。ネットが情報の提供に多様性を与えたのは間違いなく事実です。

しかし、そうしたネットユーザがネット工作の跋扈《ばっこ》するソーシャルメディアとまとめサイトによって、偏った情報を得ることになっているのは皮肉なことです。ネットメディアによって情報はだれでも発信できるようになり、そういう情報を発信する権利の民主化により、マスメディアがいくら嘘を報道しようとしてもネットユーザは正しい情報が得られるようになるはずではなかったのでしょうか。

たしかに情報を発信する権利はマスメディアの独占ではなくなり、ネットメディアによって民主化されました。しかし、情報を発信する権利の民主化は、同時に情報を操作する権利の民主化を意味したようです。ネットメディアの時代とはマスメディアにより特定の嘘の情報を流し続けることが難しくなった時代ではありますが、それによって真実の情報が流れるようになったのかというとそれも違うのです。大衆がだれでも情報操作をすることが可能になったのが、ネット世論の世界なのです。

3 コンテンツは無料になるのか

デジタルの時代、ネットの時代にはコンテンツの価格は無料になるという考え方が根強くあります。実際、CDやDVDなどのパッケージコンテンツの売上は大幅に低下し、雑誌もめっきり売れなくなっています。ゲームソフトや書籍も、スマートフォンなどの低価格あるいは無料のアプリや電子書籍に大きく比重が移るのではないかと関係者は戦々恐々としています。

パッケージコンテンツと違ってデジタルコンテンツは紙やプラスチックの物理媒体にかかわる費用が不要ですから、倉庫や販売店などの流通コストがかからないので、消費者へ提供する価格を下げられる余地が生まれるのは確かです。しかし、コンテンツの制作費は相変わらず必要なわけですから、もし価格が無料になってしまうとビジネスモデルが成り立たないのは明白です。にもかかわらず、価格が無料になるという主張が存在するのはどういうことでしょうか。

コンテンツの価格が無料になると主張する人の根拠となる理屈は、実は単純でひとつしかありません。デジタルではコンテンツの複製コストがゼロだからというものです。原価がゼロなんだから価格もゼロに近づいていくということです。この理屈が成立するためにはいろいろな前提条件が必要ですし、実際にはまったく正しくないとぼくは考えているのですが、そのことを説明するよりも先に「コンテンツ＝無料」説にはイデオロギー的な側面があることを指摘したいと思います。

コンテンツの価格が無料になるということを書いたクリス・アンダーソン氏の『FREE』（邦題『フリー――〈無料〉からお金を生みだす新戦略』）という有名な本があります。二〇〇九年に出版されたこの本は発売前に全文をネットで無料公開するというプロモーションをおこない、話題を呼んでベストセラーになりました。

この本の中でアンダーソン氏はフリー（free）という言葉の説明として、「自由」と「無料」というふたつの意味があるというようなことを書いています。そして無料というのは「費用からの自由」という意味であり、いかにも圧政者に立ち向かう革命の志士たちであるかのように、このインターネットで価格がゼロになっていくことを時代の流れとして讃えています。

インターネットの世界でコンテンツが無料になるという考えをつかむには、そもそもコンテンツは無料であるべきでみんなで共有していくほうが世の中がよくなるというイデオロギーが、ネットの世界にかなり昔から存在しているということを理解する必要があります。

コンピュータに限らない話ですが、同じ趣味を持つ人間が集まると情報交換をするものですし、そういった同じ趣味を持つコミュニティでの情報交換にはお金のやりとりは発生しないものです。コンピュータの場合は、特に初期のころはプログラミング自体が趣味の人も多かったのですが、お互いにつくったソフトウェアを無料で配布するのがあたりまえの文化としてあったのです。

ネットのなかった時代ではパソコン雑誌なるものがあって、そこでは毎回、読者がつくったプログラムがソースコード付きで掲載されていましたし、やがてCD-ROMが付録につくようになってからは、無料のプログラムをたくさんおまけでつけることが流行りました。

また、インターネット以前にパソコン通信というネットワークがあったのですが、そこでもやはり無料で公開されているソフトウェアのコーナーがあり、自由にダウンロードする機能がついていました。

こういった無料ソフトウェアのうち、人気のあるものは頻繁にアップデートされ、商用ソフトウェアよりも高機能なものもありました。そうなると作者も大変ですので、シェアウェアといって、無料で手に入るんだけど気に入ったユーザは寄附をできるというやりかたが広まり、人気シェアウェアの作者のなかにはそれで生活ができるような人も現れました。

シェアウェアは有料に見えますが、お金を払うことは別に強制ではなく、あくまで利用者が善意のお礼として寄附をするという仕組みです。前述のクリス・アンダーソンの『FREE』には無料で提供し、あとからお金を取る「フリーミアム」というビジネスモデルが紹介されていますが、「フリーミアム」は無料で提供するほうが儲かるというあくまでビジネスモデルであるのに対し、シェアウェアというのは作者が善意をもって無料で提供するためのコストを利用者も善意で負担するという考え方ですので、根本的なところが違うのです。

とにかくコンピュータが好きな人のコミュニティには、もともとソフトウェアを無料で公開するのがあたりまえな文化があるのです。

そしてインターネットの登場です。

インターネットとはTCP／IPという通信規格で接続されたネットワークの総称ですが、TCP／IPとは、もともとはUNIXという基本ソフト(OS)用の通信規格でした。UNIXとは現在のパソコンの基本ソフト(OS)として使われているマイクロソフト社のWindowsやアップル社のOS X、オープンソフトウェアのLinuxなどの直接的あるいは間接的な源流にあたる、半世紀ほど前に開発されたソフトウェアです。UNIXは当初からほぼ無料に近い形でライセンスされ、なおかつソースコードと一緒に配布されたため、教育機関を中心に急速に普及しました。ソースコードを書き換えることで、だれでもUNIXを改良できるし、また、新しい機能を付け加えることができました。UNIX上で動作するプログラムもいろいろ開発されましたが、その多くもまたUNIX同様に無料で配布され、ソースコードも添付されていて、改良してもいいというルールがあたりまえになったのです。

　こういう自由な開発プラットフォームができたことは多くのプログラマーたちを引き寄せてコミュニティを形成することになり、ますますたくさんのソフトウェアが開発されます。そしてUNIXの世界にはプログラマーにとっての楽園として、さらにプログラマーが集まるという好循環が生まれたのです。

　UNIXが動作するコンピュータ同士の通信手段として使われたのがTCP／IPという通信プロトコルであり、UNIXマシン同士がつながった広域ネットワークが〝インターネット〟の始まりとなりました。つまり人類史上最大の革命のひとつといわれるインターネットも、このUNIXから生まれた無料でソフトウェアを共有する連鎖反応の中で実現したのです。WWW（ワールドワイドウェブ）をはじめとするインターネットの基本技術の発展は、こうしたプログラマーのコミュニティがつくった無料のソフトウェアに支えられていたのです。

　そして重要なことは、インターネットの歴史とはこういう無料のソフトウェアが、巨大な企業が開発した商用ソフトウェアたちを駆《く》逐《ちく》していった歴史だということです。

　UNIX自体についても成功するにつれ商用化の動きがでてきたのですが、ユーザは強く反発し、結果としてたくさんの無料のUNIXクローンのOSが誕生しました。Linuxもそのひとつです。結果、商用のUNIXは競争に敗れて、現在のインターネットで使用されているサーバの大部分はLinuxで動作しています。

マイクロソフトもインターネットで使用されているサーバにおいては、ついにLinuxに勝てませんでしたし、いったんは覇権をネットスケープから奪ったウェブブラウザについてもChromeとFirefoxに厳しい戦いを迫られています。データベースの雄であるオラクルも結局は、インターネットの世界ではそれほど影響力を持てず、無料のMySQLなどの後塵《こうじん》を拝しています。インターネットの世界ではそれぞれの分野のトップのソフトウェア企業がつぎつぎと、無料ソフトの前に敗れていったのです。

このようにソフトウェアを無料で共有することを楽しむという、同じ趣味を持つ人たちのコミュニティから生まれた文化に対して、インターネットは実社会での成功体験を与えたのです。いずれ商業ソフトはなくなり、無料ソフトですべて用が足りる時代になる。ネットユーザには希望的な未来予測として、こういった感覚が共有されているのです。

さて、コンピュータのソフトウェアが無料で共有されるべきなのかはともかくとして、それがコンピュータソフトウェア以外のコンテンツが無料であるべきというようなイデオロギーになぜつながるのか、説明が必要かもしれません。

それはコンピュータの知識がある人間にとって、本やCDなど物理的なパッケージに値段がついているのはしょうがないにしても、電子化されてしまえば文章や音楽や映像のようなコンテンツは、所詮はコンピュータソフトウェアと同じデジタルデータにすぎないからです。むしろコンピュータソフトウェアのほうが作成が難しいぐらいに思っていますから、ソフトウェアが無料で共有されるべきだとすれば、従来からある、それ以外のコンテンツだって電子化されてデジタルデータになってしまえば同じだろうと思うのはとても自然な感覚なのです。

冒頭に、コンテンツが無料になるべき根拠となる理屈は複製費用がゼロだからという理由だけしかないと書きましたが、こういったイデオロギー的な背景もあるということを理解する必要があるでしょう。

この無料コンテンツ礼賛イデオロギーを強固に支える構造として、経済的な損得勘定がインターネット業界のビジネス側の人間にあるということも重要です。つまりインターネットがここまで急速に発展した理由として、無料でコンテンツが手に入ることが大きかったということです。

いままで有料で時間をかけないと入手できなかった情報やコンテンツが、インターネットだと検索して閲覧あるいはダウンロードすれば簡単に手に入るようになったことが、インターネットが一般の人にまで普及した最大の理由でしょう。インターネットが普及するための宣伝費用は知らないうちにコンテンツ業界が勝手に負担させられていたというわけです。コンテンツは無料であるべきという主張はインターネット業界側の人間にとっては、基本的には利益となる主張なのです。そして後述しますが、コンテンツが無料になることによるメリットはインターネット業界にかかわるすべてのプレイヤーに間接的に分散されて享受される、というような構造が存在します。

まとめると、インターネットを利用するユーザたちの間にはコンテンツが無料になるのはいいことだという素朴な価値観が存在します。また、インターネットを商売にする人たちにとってはコンテンツが無料で利用できるのは経済的な利益とも結びついています。このふたつが合わさって、コンテンツは無料であるべきだし、無料になるのが当然という強力なイデオロギーをつくりあげているのです。

最初に戻りますが、コンテンツが無料になると主張している人の理屈にはまともな根拠はありません。コンテンツの複製費用がゼロだからコンテンツも無料になるなんていうのは、まったく理屈にはなっていません。コンテンツが無料であるべきというのはたんなるイデオロギーにすぎず、しかも、そう主張するインターネット業界には明確にビジネス上のメリットがあるということを指摘したいと思います。

コンテンツが無料になるのはコンテンツ業界側にとっては損だし、インターネット業界側にとっては得なのです。それが基本です。しかし議論を分かりにくくしているポイントとしては、インターネット業界側は一方でコンテンツを無料にすべき理由として、コンテンツを無料にしたほうがビジネスの競争に勝つし、得であるという実例をたくさん状況証拠としてあげていることです。前述のクリス・アンダーソンの『FREE』などは、まさにそういう主張の本です。しかしそういった、コンテンツは無料にしたほうがいい、ユーザをたくさん集めて広告で稼いだほうが儲かるとかいう理屈は、結局は安売りしたほうがよく売れますよ、といった当然のことをささやいているにすぎず、全体としては市場の規模を縮小させるし、無料でコンテンツを提供するプレイヤーが仮に一時的に多少は儲かったとしても、いずれ全員が儲からなくなるだけなのです。

ぼくは結論としてはコンテンツは無料にならないし、なるわけがないと思っているわけですが、ここではまず、コンテンツの無料モデルが長期的に成立しない理由、そしてコンテンツの複製費用がゼロだからといってコンテンツの価格はゼロにならない理由、つぎに違法コピーがコンテンツの価格に与える影響について書こうと思います。

無料モデルが成り立たない理由

コンテンツの無料モデルがうまくいかない理由は、そもそも儲からないとだれもコンテンツをつくるお金を出すわけがないという単純な事実に行き着くのですが、そうじゃない、無料にしても広告で十分に儲かるはずだという主張をするのが、ちょっと前までのインターネット業界の主流でした。

ネット上での広告モデルがなぜコンテンツビジネスに合わないかは、単純にそろばんを弾けばすぐに分かります。バナーを貼ったりして得られる広告収入ぐらいでは、お金をかけたコンテンツはとてもつくれないのです。

これはネットで広告収入がどのように稼げるかを考えてみれば、すぐに分かります。通常、ネットの広告費はＰＶ（ページビュー）数だったりクリック数だったりで決まります。ＰＶ数というのはウェブページが何回表示されるかです。クリック数というのはウェブページに貼ってある広告のボタンが何回押されたかです。ウェブページの中身に感動したかどうかとかは関係なくて、あくまでウェブページにおまけでついている広告バナーを何回見せたか、何回クリックされたかでしか広告収入は増えないのです。

そうなると一ＰＶあたり、もしくは一クリックあたりにどれだけ安いコストでウェブページをつくれたかどうかで儲かるか儲からないかが決まります。コンテンツの中身は関係なくなるのです。第2章でも説明しましたが、ネットには2ちゃんねるで話題になった掲示板をコピーして見やすくしただけの「まとめサイト」というジャンルがあります。これはなにしろ話題になった掲示板をコピーして表示するだけですから、簡単にコンテンツがつくれて、しかも面白いのです。ネットでコンテンツを広告モデルでつくるというのは、こういうコピーしただけのコンテンツと同じ土俵でコスト競争するということなのです。

広告モデルとはどういうことか別の角度でも考えてみましょう。そもそもネットの広告収入の源泉はなんでしょうか？　インターネット広告が従来のマスメディア広告と比べて画期的なところは費用対効果がすぐ分かるということです。先ほどPV数、クリック数で広告収入が決まるといいましたが、究極的にはそれでどれだけ商品が売れたか、どれだけの利益があがったかでそれらの一PVあたり一クリックあたりの単価が計算されるのです。非常にシビアな世界です。そうなると結局広告主の売上があがって儲かった金額が、長い目で見ると広告収入の上限になるのです。

これはどういうことを意味するのでしょうか？　つまり一〇〇万円かけてなにかコンテンツをつくったとします。この一〇〇万円を回収するためには一〇〇万円以上に利益があがるように、利益率五〇%だったら二〇〇万円、利益率一〇%だったら一〇〇〇万円の商品を広告を見た人に買わせるということなのです。一〇〇万円のコンテンツの費用を回収するために二〇〇万円とか一〇〇〇万円とかの商品を買ってもらうというのが、広告モデルでつくるコンテンツビジネスの姿です。そんなことだったら最初から一〇〇万円をユーザからもらうことを目指したほうが簡単だと思うのは、ぼくだけでしょうか？

もうひとつ、広告モデルに隠されたインターネットの搾取構造についても説明しましょう。いま、アマゾンやアップルの電子書籍ビジネスでコンテンツの売上の配分をどうするかについて注目が集まっています。アマゾンやアップルなどのプラットフォーム側が三割、コンテンツ側が七割とかいう話になっていますが、その三割が多すぎるとか、将来はさらにプラットフォーム側の立場が強くなって取り分を多く要求するんじゃないかと、コンテンツホルダー側が恐れているわけです。コンテンツホルダーとプラットフォーム側でこの配分比率について激しくせめぎあっているのは想像に難くありません。このように直接課金だと収入の配分が明確に分かりやすいのでコンテンツ側も敏感になっているのですが、広告モデルにおいては実は見えにくいだけでもっと高い割合でコンテンツ側の収入が奪われる仕組みが存在するのです。

インターネットの広告費のうち、グーグルなどの広告プラットフォーム側に持っていかれる手数料も三割とか五割とかなのですが、そもそもコンテンツをつくったことでインターネット業界に発生した広告費用のうち、コンテンツ側の収入としてカウントされるものがほんの一部でしかないということです。

それはインターネットの広告モデルが、PV数などに比例して広告収入が発生する仕組みであることが原因です。簡単にいうと、あるコンテンツをつくってインターネットに公開するとコンテンツをつくった人のPV数だけでなく、他人のPV数＝広告収入が増えるという構造になっているのです。

たとえばコンテンツを紹介しているウェブページがあった場合、PV数＝広告収入は紹介したウェブページの所有者のものになります。また、コンテンツを探すために検索をした場合はグーグルやヤフーの広告収入になります。そしてコンテンツの感想をＳＮＳとか掲示板でユーザが書いたりするとＳＮＳや掲示板のＰＶ数＝広告収入になるのです。つまりコンテンツの制作費用を賄うためにインターネットの広告モデルを利用すると、コンテンツをつくった人以外のプレイヤーにも同時に広告収入が発生する仕組みになっているのです。この仕組みでは広告収入の分け前はインターネット全体に広く薄く分配されますので（グーグルとかの広告プラットフォームには厚めですが）、一見すると分かりにくいですが、コンテンツをつくることで発生したＰＶ数＝広告収入のうちコンテンツ側に還元される割合はかなり小さくなるのです。

このように広告モデルでコンテンツをつくるというビジネスモデルがいかにコンテンツをつくる側にとって不利であるか、しかもお金をかければかけるほど不利になる構造かが分かると思います。

では広告モデルではなくユーザ課金モデルでコンテンツビジネスをおこなうとしたらどうでしょうか？　コンテンツの価格はゼロにはならないにせよ、やはり大幅に下がるような気はします。実際のところはどうなのでしょうか？　結局はコンテンツの複製コストがゼロで原価がゼロだから、コンテンツの価格は下がっていく運命にはあるのでしょうか？　そもそもコンテンツの価格はどうやって決まるものなのでしょうか？

コンテンツの価格の決まり方

コンテンツの複製コストがゼロであるなら、原価がゼロということだから、価格はゼロに近づくという理屈は、要するに価格競争がコンテンツ市場で成立するということを前提としています。コンテンツの価格は市場原理によって決まるのでしょうか？　それはある意味では正しいのですが、間違っている理解です。なぜなら、コンテンツはひとつひとつがユニークであり、基本的には同じものは存在しない独占商品であるという側面も持っているからです。

たとえばサザンオールスターズの最新アルバムが買いたいという音楽ファンがいたとして、CDショップで売り切れていたとします。代わりに別のアーティストのCDを買って満足するライトなファンも一定数いるかもしれませんが、ある程度コアなファンは目的のアルバムを手に入れるまで探し続けるでしょう。コンテンツというのは、ひとつひとつがかけがえのない独占商品なのです。同じ値段だから、もしくは安いからといってほかの商品でもかまわないというわけにはいかないことが多いのです。

コンテンツが独占商品だとして、その独占商品の価格はどのように決まるのでしょうか？　基本的には顧客からの売上が最大化されるようなぎりぎりの価格まで高くするだろうというのが答えでしょう。そのときに顧客が基準にするのは、同種のコンテンツの相場観と自分の懐具合といったところになります。コンテンツが持っている顧客の忠誠心が高くて収入が多いほうが高い価格をつけやすくなるのです。

そして重要なのは、そのときに顧客が価格が適正かどうかを判断する基準は自分が知っている〝相場〟だけであるということです。もともとコンテンツなんて生きるために必要なものではありませんから、価格はあってないようなものなのです。顧客はコンテンツの原価なんてよく分かりませんから、過去の経験から高いか安いかを判断するしかありません。

なにがいいたいことかというと、顧客があるコンテンツの価格がどれぐらいが適正と思うかどうかは、売り手からすると〝教育〟だったり〝刷り込み〟の問題だということです。そして独占商品ではあるにせよ、コンテンツの価格はこの謎の相場観からは大きく外れることは難しいのです。

さて、個別のコンテンツは独占商品ではあるけれども価格は結局は相場を基本にして決まるとなると、その相場観自体はどうやって決定されるのでしょうか？

ひとつのポイントは相場観とは過去から受け継がれるものであるということです。だいたいコンテンツの価格なんて、もともと基準があってないようなものなのですから、顧客が過去の経験から、その時点で一番慣れている価格が相場だと思うのです。基本は顧客の〝思い込み〟がコンテンツの価格を支えている一番の根拠なのです。コンテンツ側はその相場をできるだけ高くしようと思いますが実際のところ、どこまで高くできるものなのでしょうか?

結局のところコンテンツの相場というものは、人間が社会的にそのコンテンツにどれだけ依存しているかによってバランスが決まるというのがぼくの考えです。コンテンツというのは生きるための必需品ではありませんから、依存度で決まるというのはピンと来ないかもしれませんが、コンテンツを消費したりお金を払う人というのは、なにかしらそうせざるをえない自分の中での必然性があるのです。個人の生活リズムの中だったり、周囲の人たちとの社会的な付き合いのためだったり、潜在的なストレスや欲求の解消のためだったり、なんらかの必然性でもってコンテンツに依存するようになるのです。コンテンツを無料でもいいから配布することでプロモーションをするという戦略は、まずコンテンツへの依存をつくるという意味では正しいのです。コンテンツを利用していない段階では、まだそのコンテンツのある生活に依存していないのですから、無料という価格が適切になりえます。そしてコンテンツにある程度、依存し始めた状態で課金をすれば、今度はお金を払ってくれる確率が高くなります。言い方は悪いですが、コンテンツビジネスというのは、人間をある種の中毒みたいな状態にすることでお金を払ってもらえるようにするという構造があるのです。もちろん中毒とはいってもその作用は人間を幸せにしたり辛いことを忘れさせたり夢中にさせたり楽しい気分にしたりといった罪のないものではあるのですが。

コンテンツの価格は人間が持つそのコンテンツへの依存度で決まるというのが、ぼくの主張です。ですからコンテンツの価格の下限が複製コストで決まるのは確かとしても、実際の価格に複製コストはあまり関係しません。

音楽の世界でアナログレコードからCDへ時代が移り変わったとき、アナログレコードよりもCDのほうが高い値段で発売されました。実際のところ溝を彫ってつくるアナログレコードよりも印刷技術でつくれるCDのほうが原価は全然安かったのですが、その後、CDの価格は日本では変わっていません。また、ファミコン発売時には、ソフトの価格は三八〇〇円でした。ファミコンの爆発的なヒットによりROMカートリッジの原価はおそらく下がったはずですが、ファミコンソフトの価格は途中で四五〇〇円に値上がりしました。ファミコンが普及すると結局コンテンツは独占商品なので、日本人のゲームへの依存度が増す分だけ価格交渉力が強くなったのです。

コンテンツの価格は人間の依存度で決まるというぼくの主張にまでは賛同できないにしても、少なくとも原価が下がったからといってコンテンツの価格も下がったりするようなものではないということまでは分かっていただければと思います。人気コンテンツはたくさん売れますから本当は原価がその分安くなるはずです。原価で価格が決まるなら人気コンテンツは安く売られてもおかしくないはずですが、実際には人気コンテンツほど値段が高く設定されることも珍しくありません。ユーザにとっては原価なんて分からないし関係ない話なのです。ユーザが自分の経験から身につけた相場観によって、これは高いとか安いとかを判断しているだけなのです。

結局、元凶は違法コピー

コンテンツの価格は原価では決まらない。インターネットで複製コストが安くなったからといって無料になるのも安くなるのもおかしいと、ぼくはここまで書いてきました。

じゃあ、インターネットでこれまでの音楽ＣＤやＤＶＤなどのパッケージソフトを同じ価格か、むしろ高い値段でデジタルコンテンツとしてダウンロード販売で売れるのかというと、とても売れない現実は現実としてあるのです。これはどういう理由だと考えればいいでしょうか。

ネットのせいでパッケージソフトが売れなくなったと主張するコンテンツ業界の人は多いです。売れなくなった理由はネットで違法コピーが手に入るからだと言います。一方、ネットユーザの中にはそもそもこれまでの値段が高すぎただけだとか、お金を払うに値する面白いコンテンツがないからだという意見を言う人がたくさんいます。

どちらの見方が正しいかどうかというと、やっぱり、違法コピーの存在により、ネットでデジタルコンテンツが売れないし価格も安くせざるをえないんだというのが、圧倒的に正しいのです。

もともと新しいメディアが登場するときにはコンテンツの価格が高くなるのがふつうです。コンテンツ側の立場から考えると、すでに確立しているビジネスに悪影響が出る可能性のある新しいメディアへ積極的に移行するメリットはありません。儲かりそうだったらやる、というのが基本的なスタンスになるでしょう。

インターネット業界のほうでよく電子書籍の価格を紙より安くすれば普及するんだと出版業界を非難する人がいますが、安くしなければ普及しないようなものを新しい時代のメディアだと主張するのはどうかしていると思います。長期的にはコストの安いデジタルコンテンツの価格が競争の結果として低下することはあっても、まだ普及していない段階で、デジタルコンテンツというプラットフォームが普及するためのコストを払うべきなのはプラットフォームを握っているインターネット業界側であって、コンテンツ側に低価格戦略を無理強いすることでプラットフォーム普及のための宣伝費を肩代わりさせるような理屈はおかしいのです。

ネットでデジタルコンテンツの価格を安くせざるをえないのは、やはり違法コピーの存在でユーザが持っているコンテンツの価格の相場観というのが崩れてしまったことが原因なのです。ネット上でのデジタルコンテンツだからといって全部が安くなるわけではありません。むしろ先ほどもいったように、新しいメディアの登場というのはコンテンツの価格を上げる絶好のチャンスなのです。違法コピーの存在がなければ、おそらくデジタルコンテンツの価格はむしろ上がった可能性が高いのです。

このことの証拠として、デジタルコンテンツでも違法コピーが原理的にできない、あるいは意味がないタイプのものがあって、そういうものの中にはインターネットで従来のパッケージコンテンツ以上に利益を上げている例もあるからです。最近だとグリーとＤｅＮＡを皮切りにガンホーの〝パズドラ〟が大ヒットしているソーシャルゲームがいい例です。社会問題にもなった〝ガチャ〟はただのデジタルデータでしかない〝カード〟を手に入れるために一回三〇〇円とか五〇〇円とかで、くじを引くのです。これだって複製コストはゼロのはずですが、いっこうに価格が下がる気配がありません。いいコンテンツがあればお金を払うといっているネットユーザが実際にお金を湯水のように払っているいいコンテンツとは、なにかの数字と名前が印刷されたデジタルのイラスト一枚なわけです。コンテンツの質が高かろうが低かろうが欲しければお金は払う、コンテンツとはもともとそういうものなのです。

ソーシャルゲームはサーバ上にデータが保存されていて、端末でデータをコピーするだけではゲームが遊べないので、実質的に違法コピーが不可能です。こういうものだと高い価格設定でも顧客はお金を払うのです。違法コピーの存在が、やはりコンテンツの価格を下げているのです。

また、同じようにサーバにデータを保存するタイプのサービスでＭＭＯと呼ばれる大人数で同時にやるドラゴンクエストのようなゲームがあるのですが、このタイプのゲームはアジアでも大成功していて、ＣＤもＤＶＤも高い正規品はだれも買わないことで有名な中国でも大ヒットしていています。コンテンツにお金を払わないと一般に思われている中国市場でも、コピーができないＭ

MOではきちんと、しかも所得水準を考えると日本よりも高いお金が払われていたりするのです。

やはり違法コピーの存在はコンテンツビジネスにとって大きな課題であるというのは間違いありません。

ゲームの話が分かりやすいので例にしましたが、最後に音楽でも違法コピーが少ないために価格も高くなり、よく売れた事例を紹介しましょう。着うたと着うたフルです。

ネットにより音楽CDが売れなくなっているのは世界的な現象だったのですが、世界の音楽市場が縮小するなか、日本の音楽市場だけが、ずっと伸びていた時期がありました。着うたや着うたフルのおかげです。スマートフォンになる前の、いまではガラケーと呼ばれている携帯電話では、着うたや着うたフルの違法コピーが難しくなるような仕組みになっていました。結果、どうなったかというと、コンテンツの値段が高くても売れたのです。

着うたは一〇〇円で、着うたフルは三〇〇円、というのが標準的な価格でした。これはCDの値段と比べると一見安いように見えますが、実質的には高い値段です。なぜなら、特に若い世代は音楽CDを買うよりもレンタルしてコピーする場合のほうが圧倒的に多いからです。それでも売れたのは、違法コピーが難しかったからです。

違法コピーが容易に手に入るiTunesとスマートフォンの時代になって、やっぱりデジタル音楽の価格は下がったし、市場も縮小したのです。

無料でコピーが手に入ると、どんなに欲しいモノでもわざわざお金を出して買わないし、無料コピーさえなければ、欲しいモノにはお金を払ってでも手に入れる。単純であたりまえの話なのです。

4　コンテンツとプラットフォーム

これまでもコンテンツとプラットフォームという単語を時々使ってきましたが、コンテンツはともかくとしてプラットフォームとはなんでしょうか？　このあたりで、この本でぼくが使っているプラットフォームという言葉の定義をはっきりさせましょう。例によってプラットフォームという言葉自体は世の中のあちこちで使われていて、それぞれ意味が微妙に異なりますから、コンテンツにとってのプラットフォームという文脈での意味について説明します。

コンテンツのプラットフォームとはなにか？　ひとことでいうとコンテンツを流通させるための仕組みのことです。ふたことぐらいでいうと、コンテンツを流通させる仕組みであり、そこで流通可能なコンテンツがなにかを決めるものである、ということです。形のないデジタルの世界でコンテンツをどのようにつくっていったらいいのか、その枠組み(フォーマット)を提供するのがプラットフォームの役割です。

具体的な例でいうと、電子書籍の世界でプラットフォームといえばおおまかにはアマゾンとアップルのことです。いやいや彼らはプラットフォームを提供している会社でありプラットフォームそのものでないというなら、Kindleとか iPad/iPhoneとかの物理デバイスのことをプラットフォームというのかもしれません。あるいはさらに絞って、アップルであればiBooksという電子書籍を販売してダウンロードさせるサービスだけをプラットフォームというのかもしれません。

そして、どこからどこまでの部分をプラットフォームと呼ぶかは別にして、基本的にプラットフォームはある決まった形式のコンテンツ(この場合は電子書籍)を流通させる仕組みを持ちます。アップルの場合は音楽を配信するiTunes Music Store(現iTunes Store)からはじまって、アプリを配信するApp Store、そして電子書籍のiBooksと、コンテンツの種類ごとに販売・ダウンロードさせるプラットフォームを追加してきました。そして配信されるコンテンツが動作するハードウエアについてはiPhone/iPadという共通のプラットフォームを利用するという構造になっています。

コンテンツを流通させるためのプラットフォームは別にデジタルでなく、アナログなパッケージコンテンツの世界でも定義できるでしょう。書籍の場合だと印刷所や取次会社と配送システム、書店などが全体として書籍を流通させるプラットフォームとなっているのです。これがデジタルの世界になるとアップルやアマゾンといったほぼ一社だけで、コンテンツを流通させるプラットフォームをすべて提供できるというのが、デジタルコンテンツの世界のプラットフォームがアナログなパッケージコンテンツの世界のプラットフォームと違う大きなポイントです。

あたりまえですが、一社だけで流通にかかわるほぼすべての部分を独占しているアマゾンやアップルのようなプラットフォームは非常に立場が強力になるのです。

プラットフォームの機能

そもそもプラットフォームとはどういうものなのかを説明しましょう。コンテンツを流通させるプラットフォームには次のような役割があります。

- ビジネスモデルの提供
- ユーザーベースの提供
- プロモーション手段の提供
- コンテンツの枠組み（フォーマット）の定義
- コンテンツの品質の管理

コンテンツ側から見た場合には、ビジネスモデルとユーザベースというのが一番大事なポイントです。このふたつによってどれぐらいの売上があげられるかが決まるわけですから、プラットフォームの価値とは、ほとんどビジネスモデルとユーザベースの組み合わせで決まるといってもかまわないでしょう。

よく、ネットサービスが会員何千万人とか人数を誇っていますが、コンテンツにとってはその数字自体はあまり重要ではありません。

コンテンツはある一定の固定客を持っています。その固定客の何%をプラットフォームがカバーできるかが重要なのです。プラットフォームの抱えるユーザ数が小さくてもコンテンツにとって自分の固定客のほとんどがその中に入っていれば、そのコンテンツにとってはいいプラットフォームです。自分の顧客のカバー率が重要なのです。また、それによってコンテンツとプラットフォームの力関係が変わるのです。カバー率が高ければ高いほどプラットフォーム側が強くなるのは当然です。面白いのはカバー率が低いとコンテンツ側にとってはメリットが小さくなりますが、プラットフォーム側にとってはカバー率が低いほうが、プラットフォーム自体のユーザを増やす働きがあるのでメリットがあるという非対称の関係があることです。

新しいサービスが開始されたときに最初からコンテンツを集めることは、とても大変です。まだユーザがいないプラットフォームではいくらコンテンツを提供してもなかなか売上はあがりませんが、プラットフォームのユーザ数は増えやすいという関係があります。プラットフォーム側はユーザを増やしたいのでコンテンツを欲しがります。プラットフォームにとって最大の宣伝材料はコンテンツなのです。したがって、プラットフォームは強力なコンテンツには特別な条件や契約金を提示することがよくあります。また、コンテンツ側としては新しいプラットフォームに対しては、できるだけもったいをつけてコンテンツの提供を渋るというのが正しい基本戦略になるのです。

コンテンツ側がプラットフォームにコンテンツを提供したいと思うことも、ときにはあります。それはプラットフォームにコンテンツを提供することで、新しい顧客の開拓が見込める場合です。プラットフォーム自体に話題性があったり、まだコンテンツの数が少ない場合は、コンテンツを提供するだけで新しいユーザを獲得できる場合があります。プラットフォーム自体が持つコンテンツの宣伝効果というのは、プラットフォーム側にとっては最大の武器になります。コンテンツ側としては、いくらコンテンツを提供しても自分の所にもとからいるファンしかコンテンツを購入しないのだとしたら、プラットフォームの宣伝にはなっても自分のコンテンツの宣伝にはなっていないということなのです。したがってコンテンツ側はプラットフォームに対して、自分の持つコンテンツを提供するときには、見返りにどれぐらいの宣伝協力をしてくれるのかということを交渉します。強力なコンテンツほど立場が強いのは当然です。

しかし、プラットフォームの立場が強い場合には、逆にコンテンツ側が広告費が払わないと宣伝をしてもらえなかったりします。ちなみに、こういう場合は当然のことながら広告費の支出によりコンテンツ側の収益が低下します。たとえば五〇：五〇でコンテンツ側とプラットフォーム側で売上配分する契約を結んでいても、広告を出さないとまったくコンテンツが売れないようなプラットフォームの場合は、実質的なコンテンツ側の取り分はずっと少なくなります。そして成熟したプラットフォームでは、広告を出さないとコンテンツはほとんど売れないというのがあたりまえです。

プラットフォームの役割として、流通させるコンテンツの枠組み（フォーマット）を決めるということもあります。電子書籍の例だとデータ形式はＰＤＦなのか、ＥＰＵＢなのか。そういったことです。また、そのフォーマットが業界標準なのか独自形式なのかということも重要なポイントです。そしてそれらのコンテンツをどれぐらいの価格帯で販売するかということも、プラットフォームが決めるべき大きなテーマです。

デジタルな世界でのフォーマットだけを説明してもぴんとこないかもしれませんから、アナログな書籍の世界のフォーマットを考えてみましょう。

やはり書籍の世界にもデジタルほど厳密ではありませんが、フォーマットみたいなものが存在します。たとえば取次で流通される書籍にはＩＳＢＮという識別番号がつけられます。Ａ５だとかB6だとかのよく使用される本の大きさ(判型)がいくつもあります。また、本によって使用される紙質や装丁、印刷に使われるインクなども違います。新書なのか文庫なのかによって、出す本の価格帯も自ずから決まってきます。それらの組み合わせは膨大な数になるでしょうが、全体として書籍というものはみんなが想像できる一定の枠内(フォーマット)におさまっています。デジタルな世界ほど厳密には定義しにくいですが、アナログな世界でもコンテンツのフォーマットは存在するのです。

もうひとつのプラットフォームの役割としては品質のコントロールがあります。プラットフォーム側の大義名分としてよく言われるものは、コンテンツが粗製濫造《らんぞう》されてしまいプラットフォーム自体の信用が失墜《しっつい》する、いわゆる「アタリショック」現象を防ぐためです。コンテンツを発売する前に審査をおこない、一定以上の品質を持つコンテンツ以外が市場に出回らないようにしたり、また、プラットフォームのイメージを損なうようなコンテンツが販売されない、たとえばアダルトコンテンツは認めないなど、コンテンツのラインナップにフィルタをかけたりします。

こういったコンテンツの審査をまったくやらないという考え方、選択肢もプラットフォームにはあるでしょう。たとえばWindowsはマイクロソフトのつくったプラットフォームですが、マイクロソフトの許可なくWindows用ソフトを開発して販売することが可能ですし、マイクロソフトへのロイヤリティの支払いも不要です。代わりにマイクロソフトは一切の責任をコンテンツに対して負いません。

コンテンツの審査をするプラットフォームとしては、アップルのApp Storeやグーグルの Google Play が代表的です。このタイプのプラットフォームの源流は日本にあり、アップルやグーグルが研究して参考にしたのは、NTTドコモのプラットフォームであるiモードですし、さらには任天堂などのゲーム専用機でのビジネスです。

こういうプラットフォームがコンテンツを審査することは手間はかかりますが、プラットフォーム側には非常にメリットが大きいのです。コンテンツの販売をプラットフォームに認めてもらえるかどうかは、プラットフォーム上でビジネスをしたいコンテンツ側にとっては死活問題ですから、プラットフォームがコンテンツ側にさまざまなルールを課すことによって、コンテンツ側との力関係で圧倒的な優位に立てます。また、すべてのコンテンツの発売計画が事前に把握できるなど、プラットフォームに情報が集中します。

コンテンツの審査はプラットフォームがコンテンツ側に対して優位に立ち、さまざまな影響力を行使するための決定的な武器になるのです。

プラットフォーム間の競争原理

市場を支配しているプラットフォームとコンテンツとの力関係では、圧倒的にプラットフォーム側が強い立場になります。市場を独占しているプラットフォームにおいては、コンテンツビジネスが成立する限界か、あるいはそれ以上の利益がプラットフォーム側に配分されてしまいます。せめて複数のプラットフォームが競合していれば事態は多少ましになります。とはいっても、必ずしも市場を独占しているわけではない米国のウォルマートや日本のコンビニエンスストアがメーカーに対してどれぐらい強い立場にあるかを考えると、複数企業で寡占している場合でもプラットフォームの力が絶大なのは想像に難くありません。

ですが、それでもやはりプラットフォームが独占されているか、競合が存在するかは非常に大きな違いです。

家庭用ゲーム機のマーケットにおいても任天堂一社が事実上独占している時代から、プレイステーションなど複数の有力な家庭用ゲーム機が並立している時代に変化する過程で、ゲームソフトのサードパーティ（任天堂やソニー・コンピュータエンタテインメント以外のソフトメーカーのこと）の地位は大きく向上しました。やはりプラットフォームに競争があると、コンテンツ側にはいろいろ上手く立ち回れる余地が生まれるのです。

複数のプラットフォームが競争するときに、プラットフォームとコンテンツにはどのような力学が成立するのかを考えてみましょう。

他のプラットフォームと競争しているプラットフォームがコンテンツ側になにを期待するかは、とても単純です。プラットフォームは、だいたい以下のような「願い」を持っているものなのです。

① 十分な数のコンテンツの品揃えを確保したい。
② 強力なコンテンツを自分のプラットフォームだけで独占したい。
③ 他のプラットフォームよりも有利な条件でコンテンツを販売したい。

まずプラットフォームにとって、いちばん優先度が高いのはコンテンツのラインナップを揃えることです。特に自分でコンテンツをつくらないタイプのプラットフォームの場合はどれだけのコンテンツがそのプラットフォームで利用できるかが、他のプラットフォームとの決定的な差別化につながりますので重要です。プラットフォームがコンテンツもつくる場合、プラットフォームがつくるコンテンツは通常は他のプラットフォームに出さない独占コンテンツになりますので、そういった独占コンテンツの競争力がある場合、品揃えはさほど重要にならない場合もあります。しかし、自分たちがコンテンツをつくらない、あるいは自分たちのつくったコンテンツの競争力が十分でない場合には、サードパーティと呼ばれる他社のコンテンツに依存しなければならず、競合する他社のプラットフォームよりも品揃えを充実させることが重要な戦略目標となります。

次にプラットフォーム側が重要だと考えるのは、独占コンテンツを獲得することです。それも代替可能性が低く、忠誠度が高いユーザが大勢いるコンテンツを独占したいと考えます。代替可能性が高いか低いかというのは、そのコンテンツの代わりになるものがあるかないかということです。忠誠度が高いというのはそのコンテンツを入手するためであれば、普段使用しているプラットフォームを乗り換えることもいとわないということです。

いくら有名でたくさんのユーザがいるコンテンツであっても、別に似た種類のコンテンツがあればそれでもいいと思うユーザばかりであれば、プラットフォームにとって独占する意味はそれほどありません。逆にユーザの数は少なくても忠誠度の高いユーザばかりの場合は独占することによって確実にプラットフォーム自体のユーザの拡大につながりますので、プラットフォームにとってメリットがあることになります。

コンテンツにとって、あるプラットフォームだけに独占させるという決断はリスクのある行動です。なぜなら、たいていのプラットフォームは、コンテンツが持っているユーザを一〇〇％カバーしてはいませんので、その分だけ売上が減るということになるからです。逆にプラットフォーム側はその一〇〇％カバーできていないユーザが自分のプラットフォームに来てくれることを期待するわけですから、この取引が成立するかはコンテンツ側が失う潜在的なユーザと売上を上回るだけのメリットをプラットフォームが提供できるかどうかにかかってくるわけです。

さて、代替可能性と忠誠度という概念を使って、どのような場合に、あるコンテンツをプラットフォームが独占するという取引が両者の間で成立しやすいかを説明すると、ふたつの場合が考えられます。

ひとつはコンテンツへのユーザの忠誠度が高い場合です。忠誠度が高ければプラットフォームがどこになろうがユーザはついていくわけですから、プラットフォーム側のメリットは大きいし、コンテンツ側もユーザを失うリスクは小さくなりますから、コンテンツ側が納得できる条件をプラットフォーム側が提案できる確率が高くなります。忠誠度が低いと、コンテンツをプラットフォームに独占させることにより、ある割合のユーザを確実に失うことになります。そのユーザが将来にわたって稼いでくれるであろう収益を全部補填《ほてん》してもらわないと割に合わないことになります。そうなると双方にメリットのある取引を成立させることが非常に難しくなります。

もうひとつ独占が成立する可能性が高いのは、逆に代替可能性が高いコンテンツの場合です。つまり代わりがあるコンテンツということです。似たようなコンテンツが複数あってユーザとしてはどれでもいいやと思っているような場合には、プラットフォームがプロモーションすることによって、ユーザを大きく獲得できる可能性が高くなります。したがってコンテンツ側にとっても、プラットフォームと組むメリットが出てくるのです。

しかし、いずれにしても独占というのはコンテンツにとってはリスクがありますので、必ず見返りが必要とされ、すべてのコンテンツに対して独占の見返りを与えるということは非効率的です。プラットフォームとしては、見返りが用意できるだけの一部のコンテンツだけしか独占することはできないでしょう。

コンテンツとプラットフォームの双方のリスクが小さい取引といったものも必要になります。コンテンツ側がプラットフォームに要求するのは、コンテンツをたくさん売るためになにをやってくれるのか？　です。要するにどんな宣伝をしてくれるのか、ということです。

逆にプラットフォームがコンテンツ側に要求するのは、自分たちだけをなにか特別扱いしてくれ、ということです。なにかおまけをつけるか、仕入れ価格を下げるか、先行発売などある程度のコンテンツの独占期間を与えるかなどです。強いコンテンツであれば大きな宣伝を要求できますし、弱いコンテンツはなにか特別な条件をプラットフォームに提示しないと相手にしてもらえません。強いコンテンツはすべてのプラットフォームと取引をして、結局、すべてのプラットフォームから宣伝をしてもらうようなケースもしばしばあります。おまけ特典とかも結局は全部のプラットフォームについたりするので、最初からついているのとなにが違うのかよく分からなくなることもしばしばありますが、結局、落ち着くところは、コンテンツが強さに応じてプラットフォームに宣伝をしてもらえるという、わりとあたりまえの秩序です。

現実のパッケージコンテンツの流通においても、有力な販売店で優先的に取り扱ってもらうための販促物を特別につけるということはよくおこなわれますが、デジタルの世界でも将来的にそういうことは普及するでしょう。デジタルの世界だと、おまけの特典をつけるのにデジタルのデータとかであれば原価がほとんどかからないことも素晴らしい利点です。ただし、現在はプラットフォームがおまけをつけるような機能をサポートしていませんし、コンテンツ側もデジタルの特典という考え方にまだ慣れていません。

そうなるとデジタルの世界のプラットフォーム側が狙うのは、自分のプラットフォームで流通させるコンテンツの価格を他のプラットフォームよりも下げることです。

プラットフォームがコンテンツの価格を下げたがることを、疑問に思う人がいるかもしれません。コンテンツの価格が下がると、プラットフォームが取っているコンテンツの価格に対する一定割合のマージンも減ることになるからです。

しかし、多くの場合、プラットフォームは個別のコンテンツから得られる利益よりもマーケットシェアの拡大を優先させます。特にまだできたばかりのプラットフォームの場合はプラットフォームを成功させて得られる将来的な利益のほうがはるかに大きいですから、目先の細かい利益よりもプラットフォームの成功のほうを重要視します。また、ハードウェアを販売しているプラットフォームの場合はハードウェアの利益、また、ウェブサービスの場合は広告収入などコンテンツ流通以外の収入のほうがプラットフォームにとって大きい場合には、価格を下げてもユーザが増えればプラットフォームは得をするのです。

いってみればコンテンツの価格を下げることは、プラットフォームにとっては自分のふところが痛まない宣伝手法になるわけです。

そういうわけでプラットフォームは、しばしばコンテンツの価格を下げようとするのです。

コンテンツホルダー対プラットフォーム

プラットフォームがコンテンツの価格を下げる方法は、さまざまです。まず、簡単な方法は値引きです。プラットフォームのマージンを減らしてユーザの購入価格を下げる方法です。コンテンツ側にとっては卸価格が同じなら、いくら安く売ってくれてもデメリットはないように思いますが、コンテンツの値下げ合戦がエスカレートしていくとコンテンツの価格全体が下がっていきますので、最終的に立場が弱いコンテンツ側は価格の引き下げを受け入れざるをえなくなります。

また、プラットフォームによっては自社のプロモーションにより値引き販売をした場合には、自動的に仕入れ価格も下がるという不平等な取引条件をコンテンツ側に提示することもあります。

またウェブサービスらしいやりかたは、価格を下げると自然と販売数量が増えるような仕掛けをウェブサービスのルールとして設計することです。

例として、スマートフォン以前のドコモ、ＫＤＤＩ、ソフトバンクの携帯コンテンツで実際にあった戦略を紹介しましょう。

携帯コンテンツの市場を最初に開拓したのはドコモのｉモードですが、コンテンツの価格を下げるためにドコモが最初に採った重要な戦略は月額課金方式の導入です。ｉモードを成功させるためにコンテンツの単価を下げたかったドコモは、コンテンツの利用ごとに料金を支払う都度課金方式を採用せずに月額課金方式一本にしました。月額課金方式にするとユーザから継続的に売上を得ることができるため、コンテンツ側にとっては長期的に非常に有利な方法です。月額料金を払ったユーザはたくさんサービスを使えば使うほど元がとれますので、都度課金でサービスを受けるよりも安くなります。結果としてドコモのｉモードのサービスは値段のわりに充実したコンテンツが利用できるサービスばかりになったのです。

また、ドコモが月額課金の上限を三〇〇円に設定したことも大きなポイントです。しかもドコモはコンテンツの価格が上限の三〇〇円よりもさらに安くなるように、会員数によるランキングシステムを導入しました。コンテンツはジャンルごとにランキングにしたがって順番にユーザに表示されます。ユーザは最初のほうに表示されたコンテンツを購入しやすいという強い性質がありましたから、コンテンツ提供会社は競って、自社のコンテンツの会員数を増やしてランキングの順位をひとつでも上げようとしました。こうしてコンテンツの価格を下げて会員数を増やすほうを優先するコンテンツ提供会社が続出したのです。

後発のau（KDDI）とソフトバンクが採った戦略は、月額課金方式だけでなく都度課金方式も導入したことです。先ほど説明したようにコンテンツ側にとっては売り切りの都度課金よりも月額課金のほうがトータルで見ると有利なのですが、コンテンツ側がそのことをあまり理解していないことが多く、パッケージコンテンツの販売方法と似ている都度課金のほうを好む場合も多かったのです。また、いくら利用しても一定額の月額課金よりも、コンテンツを利用すればするほど売上が上がる都度課金のほうが儲かるのじゃないかと考えたコンテンツ提供会社も多かったのです。しかし、月額課金のほうがやはり安定して長期的に収入があがるメリットが大きく、都度課金が有利になるためには都度課金の単価を月額課金よりもはるかに大きく設定する必要があります。最近だと、ソーシャルゲームがいい例でしょう。ソーシャルゲームでは一回の課金が三〇〇円から八〇〇〇円といったように極めて高額に設定されているのです。

しかしながら、auとソフトバンクが提供した都度課金は、月額課金と基本的には同じ価格帯で着メロだったら一回一〇円とかの少額でした。これは必要なときに必要な分だけ利用すればお金が安くなるというコンセプトでしたから、実質的にはコンテンツの値下げだったのです。

また、ソフトバンクがおこなった別の戦略としてソフトバンク自身がコンテンツを買い付けて安いコースをつくるという施策もありました。特定のコンテンツホルダーと組んで大量に会員を誘導する仕組みを提供する代わりに、価格のダンピングを要求したのです。

当時の携帯キャリアは(現在もそうですが)激しい価格競争をおこなっていて、特に通話料金やパケット料金の安さを競っていました。コンテンツの単価を下げることは、自分たちの利益を減らさずに毎月かかる利用者の携帯電話料金を下げることができる打ち出の小槌《こづち》になっていたのです。

一般にプラットフォームというものは、「われわれはコンテンツはつくりません。みなさんの商売の邪魔をしませんから、自由にわれわれのプラットフォームを使ってください」みたいなメッセージを発信することが多いですが、コンテンツをつくるというのは実は一番手間がかかって大変な部分です。コンテンツをつくらないというのは、プラットフォームにとっては楽をする戦略であるともいえます。また、プラットフォームが並立している場合にはプラットフォーム間の競争のためにコンテンツが販促手段として犠牲にされがちな構造が先のようにあるわけです。

ですからぼくは、コンテンツはつくらないと宣言するプラットフォームがフェアであるとも責任ある態度だとも思いません。任天堂やソニー・コンピュータエンタテインメントのように自らもコンテンツをつくり、コンテンツから利益をあげる家庭用ゲーム機のようなプラットフォームが、実はコンテンツが儲かる仕組みが維持されて、コンテンツのクリエイターにとって幸せな環境ではないかと思うのです。

5　コンテンツのプラットフォーム化

ネット時代にコンテンツのプラットフォームが寡占化されていく状況で、コンテンツ側はどのような戦略をとればいいのでしょうか。もちろん、プラットフォームにできるだけ依存しないような形が望ましいわけです。理想をいえば、コンテンツ側がプラットフォームを持つほうがいい。コンテンツ側のプラットフォームといっても、だれかが独占するのは嫌ですから、一番いいのはコンテンツごとにプラットフォームができることでしょう。つまりコンテンツ＝プラットフォームぐらいになるのが一番望ましいのです。しかし、コンテンツごとにプラットフォームができるなんてことが可能なのでしょうか？

先に結論をいうと、ネット時代のクリエイターだったり出版社だったりは、コンテンツ自体を独立したプラットフォームとして設計しなければいけないと、ぼくは考えています。これだとちょっと抽象的なのですが、コンテンツ自体がプラットフォームになるということはどういうことなのかを説明しましょう。

簡単にいうと、顧客との接点をプラットフォームに依存せずにコンテンツ側が持つということです。

顧客接点の死守、これが非常に重要なポイントなのです。逆にいうと、いまの iTunes Store や Kindle ストアにコンテンツを提供しても顧客との接点はアップルやアマゾンに独占されるだけなのです。お客さんがコンテンツを購入したとき、iTunes や Kindle で購入したとは記憶するでしょうが、そのコンテンツがどの出版社のものなのかということは通常あまり意識されません。また、コンテンツ側はどのユーザがコンテンツを購入したかの情報がもらえませんから、購入者限定で、なにか特別なマーケティングをおこなうこともできません。あるコンテンツを購入した人に他にどんなコンテンツを買えばいいかをリコメンドするのはプラットフォーム側の権利であって、コンテンツ側の権利ではなくなるのです。

プラットフォームにとってコンテンツはとりかえのきく消耗品であり、なにが売れるかは彼らが自由にコントロールできるのです。コンテンツ側がプラットフォームに対抗するためには、顧客との接点を自分たちの手に取り戻さなければなりません。そのためには自分たちのコンテンツだけでなく、だれがいつ購入したのかという情報を自らの手で管理しなければいけないのです。

ここのところが、従来のパッケージコンテンツのビジネスに慣れているコンテンツ側が理解しにくいところです。これまではCDにせよ、書籍にせよ、流通ルートに乗せてしまえば、自動的に売上があがるので、とても手離れがよくて、まったく顧客をサポートしないビジネスが可能でした。だからヒットさえ出れば高い利益率が可能だったのです。ところが、ネット時代では手離れのよい楽なビジネスだと、プラットフォームが有利になりすぎてしまいコンテンツ側が不利なのです。大量複製して大量販売するだけのコンテンツ側にとって夢のような黄金時代は終わって、ネット時代には昔のように手離れの悪い地道な客商売が大切になるのです。

なぜ顧客との接点を持たないとコンテンツホルダーが不利になるか。それは顧客との接点をプラットフォームに握られると、コンテンツから得られる収益が好きなだけプラットフォームに吸い上げられる構造になるからです。

コンテンツではなくプラットフォームが顧客を持っている構造だと、コンテンツ側は自分の顧客にアクセスするためにプラットフォームの助けが必要です。ビジネスをしたければプラットフォームと取引するしかありませんので、レベニューシェア(売上分配)の比率がプラットフォーム側に有利に変更されても文句はいえません。また、プラットフォーム上で顧客に告知するために、プラットフォーム側はコンテンツ側に広告料金を請求することも可能です。レベニューシェアの比率にせよ、広告料金にせよ、基本的にはプラットフォーム側が圧倒的に有利な立場ですから、長期的にはコンテンツホルダーは最良のケースでも、やっていけるかどうかの採算ラインギリギりまでしか、収益の配分を受けられなくなるでしょう。

したがってプラットフォームの協力なしで販売できる顧客の数を確保するということが、収益をあげるうえではとても大事な財産になるのです。そういう場合にしかプラットフォーム側に対して強気の交渉ができなくなるのです。コンテンツ側にとって顧客との直接の接点は、とても重要な財産なのです。

デジタルコンテンツで巨大なビジネスとなっているジャンルにソーシャルゲームがあります。現在は〝パズドラ〟を始めとして、ソーシャルゲームの主流はスマートフォン上のアプリに移っています。このソーシャルゲームのアプリをつくるゲーム会社は世界中で寡占が進んでいるのですが、なぜ寡占が進むかというと、ヒットゲームを持っている会社はヒットゲームのアプリの中で自社の別のゲームのプロモーションができるからなのです。当然、自社のゲームを自社のアプリの中で宣伝するのに広告費はかかりません。この仕組みによってヒットゲームを出した会社はよりヒットゲームを出しやすくなり、寡占の構造に拍車がかかるのです。

このようにヒットコンテンツを持っていると別のコンテンツの販売が有利になるという構造が、Kindleなどの電子書籍やiTunes Storeなどの音楽ダウンロードのサイトにはないのです。

顧客との接点を持つというのがどういうことか、既存のビジネスモデルにもあてはめて考えてみると、家電製品の事例がよく似ていると思います。家電製品には保証書がついていて製品登録をするとメーカーのサポートが受けられる仕組みになっています。保証書とアフターサポートを通して顧客と直接につながることができるのです。場合によっては有償の年間サポート契約なんかもあるでしょうし、消耗品を定期的に買ってもらうようなモデルも参考になります。

別の例では、アーティストのファンクラブのモデルにも近いでしょう。会費をとって、会員だけに限定されたなんらかのサービスを提供するというのがファンクラブです。

ネット時代にはネット版のファンクラブをつくって会員限定のサービスをすればいいのです。ネットを通じてコンテンツ側がファンクラブの顧客情報をサーバに保存して、会員限定のサービスを提供する。そしてこのファンクラブの会費は有料にする。こういったモデルをつくることに成功すれば、コンテンツ側はプラットフォームに依存せずに安定した収益モデルをつくれるようになるのです。

複製権から利用権の時代へ

著作権のことを英語で Copyright といいます。名前が表すとおりですが、つまりはコピーする権利のことです。これまでのパッケージコンテンツのビジネスとはこのコピーする権利(複製権)を販売するモデルでした。この考え方を根本から変える必要があるのです。

複製権を販売するというモデルはネット時代には通用しないのです。

複製権の販売モデルの弱点は大きくふたつあります。

ひとつは違法コピーの問題です。デジタル時代には違法コピーがあまりに容易ですので、複製権自体の価値がどうしても下がってしまうのです。ですから、複製権以外の価値をつけないと大きな利潤は得られません。

もうひとつの弱点とは、これまでさんざん説明してきたプラットフォームの問題です。複製権をネットで販売するだけのモデルではプラットフォームに顧客情報を握られてしまうので、ほとんどの利益をプラットフォームに持っていかれてしまうのです。したがってＣＤやＤＶＤや書籍などの従来のパッケージコンテンツ市場をたんにデジタル化して、流通をネットの巨大プラットフォームに置き換えただけのモデルには未来がないのです。

現在のままパッケージコンテンツ市場がどんどん減っていって、海外発の巨大プラットフォームがデジタルコンテンツの市場を席巻するという未来では、コンテンツのクリエイターも出版社も、決して幸せにはなれないでしょう。

いったいどうすればいいのでしょうか？

ぼくは予言者ではありませんが、未来のありうる可能性についてはいくつか予想できます。複製権でのビジネスがネット時代には向いていないとしたら、コンテンツビジネスの進化は以下のとおりになるでしょう。

●コンテンツが動的なものに変化していく。

●コピーしたコンテンツのデータではなく、コンテンツをコピーするサービスに対してお金を払うようになる。

●コンテンツそのものではなく、クリエイターとのコミュニケーションにお金を払うようになる。

●クリエイターがコミュニケーションができない場合には、編集者あるいはプロデューサーがファンとのコミュニケーションを代行するような分業が進む。そしてファンとのコミュニケーションを代行できることは、プロデューサーにとって必須能力となる。

●コンテンツ側は複数のプラットフォームをプロモーションを目的として使い分け、収益は自分たちでつくったファンクラブ型の独自プラットフォームであげるようになる。

●コンテンツの定額使い放題モデルにはパッケージコンテンツ市場の崩壊とともに新しいコンテンツが集まらなくなり、サービス事業者は自分たちでコンテンツをつくりはじめる。

まず、コンテンツが動的なものになるというのはどういうことかを説明します。パッケージビジネスとは、最初にコンテンツのマスターを作成し、そのマスターのコピーを大量につくるというモデルです。マスターをつくったあと、コンテンツは変更不可能なデータとして固定されます。ところが、これだと違法コピーに弱いのでなかなかお金を払ってもらえないのです。

パソコンとインターネットがある時代において、すべてのデジタル化可能なコンテンツはデータとしてコピーが可能です。コピーされるということは違法コピーもされるということです。完成したら変更されないコンテンツというのは、違法コピーのいい獲物でしかないのです。この完成したらデータが変更されないという特徴が、違法コピーに弱い根本の原因なのです。

したがって、今後、お金を払ってもらえるコンテンツは、利用するたびにデータが変わる動的なものであるということが重要な特徴になるでしょう。

すでにアニメではテレビで無料放映するときと、ＤＶＤやブルーレイでパッケージ販売されるときとで中身を変えることで売上を伸ばしています。中身をつくり直して映像のクオリティをアップしたり、あるいは最終話はテレビで放映しないでパッケージにしか入れないなどです。完成版はお金を払わないと見られない、あるいはいつまでたっても完成しない。そういったコンテンツのつくり方がネット時代には主流になっていくでしょう。また、いまでもＤＶＤには特典映像がたくさんついていますが、今後は購入者に対しておまけが継続的に配布されるようなモデルも、有力な手段として考えられます。最初に全部おまけをつけてしまうとコピーされるから、何度にも分けておまけをネットで配るのです。

このように、マスターアップしたものをコピーしてあとはなにも変化しないというような静的なコンテンツではなく、中身がどんどん変わっていく動的なコンテンツというものがネット時代に売れるコンテンツのキーワードとなるでしょう。

また、コピーしたデータそのものに対してお金を払うのではなく、データをコピーするサービスの利用権に対してお金を払うようになるでしょう。デジタル時代にはコンテンツはコピーされるし、原理的にデジタルデータのコピーは絶対に防げないとよくいわれますが、コンテンツをコピーするサービスの利用権をユーザに与えるとき、利用権自体をコピーすることは非常に難しいのです。なぜなら、サービスの利用権というのは通常はサーバ上で管理されるものだからです。クライアントのパソコンに存在するローカルデータをコピーするのはとても簡単なのですが、サーバのパソコンに存在するデータを変更するのは、非常に難しいのです。自分の銀行口座に入っている一〇〇万円を、銀行のコンピュータをハッキングして一億円に金額変更するのと同じぐらい難しいといえば分かるでしょうか？

つぎに、コンテンツではなくクリエイターとのコミュニケーションにお金を支払うようになる、というのはどういうことでしょうか？　これはすでにニコニコ動画でおこっている現象です。ニコニコ動画では、素人であるはずのユーザが歌を歌ったり踊ったりゲームを実況したりして人気者になるケースがたくさんあります。そしてそういうユーザがコミケ（コミックマーケット）などでグッズを販売すると大量に売れたりして、十分生活できるぐらいのお金を稼いだりします。なぜプロのアーティストではなく、素人のニコニコ動画ユーザに人気が集まるのかというと、それはファンとの距離が近いからにほかなりません。普段から生放送でコメントに受け答えしてくれたりブログでメッセージをやりとりしたり、自分の友達の延長線上の身近な存在だから、ファンとしてのめり込めるのです。

ネット時代のクリエイターは、ネットを通じたファンとのコミュニケーションが非常に重要となります。これまでも自力で成功するクリエイターの条件としてはセルフブランディングができることが大切でしたが、セルフブランディングの中にネットを通じたファンとのコミュニケーションも必須スキルとして加わるのです。

セルフブランディングのうまいアーティストが他のアーティストの売り出しを手がけるプロデューサーになることは、これまでもよくありました。同じようにネットでのファンとのコミュニケーションも得意なアーティストが、得意でない他のアーティストを手伝う時代が今後はくるのだと、ぼくは思います。またアーティストの売り出しを手がけるプロデューサーなどの仕事には、ネットでファンとのコミュニケーションをおこなう能力が今後は不可欠になっていくのだと思います。すべてのアーティストがファンとのコミュニケーションをできるわけがありませんから、分業型が今後は増えていくでしょう。

巨大なプラットフォームにコンテンツを提供するよりも、ネット上のファンクラブのような独自のプラットフォームを持つことが、ネットで収益をあげるために重要だということは、すでに説明をしました。その場合の巨大プラットフォームの役割とはどうなるのでしょうか？

もはや不要なのでしょうか？

おそらくは独自のプラットフォームを持っていたとしても、新しいファンを獲得するための手段としてコンテンツ側は既存のプラットフォームを利用しつづけようとするはずです。ネット時代のコンテンツホルダーは、プラットフォームには依存しないように気をつけつつも利用はする、そういった形態を目指すのでしょう。

定額の月額料金を支払えばすべてのコンテンツが無料で利用できるというサービスモデルがネット時代には主力になるとして注目されています。個別のコンテンツごとに課金するモデルは、もう古いというわけです。

ぼくはこのような定額サービスは過渡的なもので、限界があると思っています。理由はシンプルで、すべてのコンテンツの制作費を賄うほど収入を分配することが難しいだろうからです。もし、できるだけ多くのコンテンツの制作費を賄えるように収入を分配すると、今度は一番人気のある作品が定額サービスに加わることが損になります。人気のあるサービスは、利益を全部自分たちで得ようとおそらくは独自のプラットフォームをつくるほうへシフトするでしょう。

こういう定額のサービスは、次第に人気コンテンツを集めることが難しくなります。現在はパッケージコンテンツの市場が別に存在していますから、独自にネットで収益をあげる方法が見当たらないこともあり、やむをえず定額サービスにもコンテンツが集まっていますが、パッケージコンテンツの市場自体が崩壊しかかっていますので、今後は定額サービスから分配される売上だけで新規につくられるコンテンツの制作費はとても賄えないという現実に突き当たることになります。長期的にはこういう定額使い放題モデルはその売上を利用して、自分たち自身で差別化できるコンテンツをお金を払ってつくりだすようになっていくというのが、ぼくの予想です。

実際に米国では定額で映像見放題サイトのNetflixがそのような方向へ進んでいて、ネット発のドラマで大ヒット作品が生まれつつあるのです。

メルマガとブロマガ

さて、この章では、コンテンツはプラットフォーム化しないとだめだということを書き続けてきたわけですが、ひとつひとつのコンテンツがそれぞれにサーバをたてて顧客情報を管理して自前のプラットフォームを持つということが現実的に可能なのでしょうか？

もちろんそれは可能だし、すでにあるという話をしたいと思います。しかも、自前でプラットフォームを持つのにサーバの開発能力や運営能力はまったく不必要なプラットフォームがあるのです。

それはメルマガです。

メルマガというインターネットの最初期からあるような古いサービスが課金プラットフォームとして、ある程度の成功をおさめているという事実は驚くべきことです。課金プラットフォームとしてのメルマガ再評価のきっかけは、ライブドア事件以降に無一文となった堀江貴文氏です。Twitterを使って宣伝し、有料メルマガへ誘導するという堀江氏のビジネスモデルは単純ですが大きな効果を生み、前出のとおり、あっという間に月額八四〇円(当時)で一万人以上の会員の獲得に成功しました。全財産をライブドアの株主への弁済に差し出した堀江氏はあっという間に年商一億円のビジネスをほとんど個人で立ち上げたのです。

堀江氏の成功に刺激されて、Twitterのフォロワー数が多いネットの有名人たちがつぎつぎと有料メルマガに参入しました。ネットでは有名だけれど収入があまりなかったネットジャーナリストたちなどが、メルマガによって十分に活動し暮らしていけるだけの安定収入を得られるようになった例がたくさん出たのです。

有料メルマガというのは、お金を毎月払っている会員だけに有益な情報を書いたメールを送るという単純なモデルです。しかし、これでも立派なプラットフォームなのです。それもメルマガのひとつひとつが、それぞれ独立した立派なプラットフォームになっているのです。

有料メルマガのシステム自体を提供している会社はいくつかありますから、有料メルマガを新しく始めたい人が、システム自体を開発する必要はありません。つまりメルマガというのはコンテンツの独自プラットフォームをつくれる「プラットフォームのためのプラットフォーム」になっているのです。

メルマガは非常に原始的な仕組みではありますが、ぼくが考える未来のコンテンツビジネスの形、プラットフォーム化したコンテンツを実現しているのです。

今後のネットのコンテンツビジネスの成否は、コンテンツをプラットフォーム化するためのプラットフォームの進化にかかっているというのがぼくの考えです。

ではここで、手前味噌になりますが、ぼくの会社ドワンゴがはじめたメルマガの発展型であるブロマガというサービスについて説明しましょう。

ブロマガのコンセプトはシンプルです。メルマガが会員限定にメールを配信できるサービスだとすると、ブロマガは会員限定にメールだけではなくブログやＥＰＵＢ形式の電子書籍での閲覧、さらには生放送や動画の視聴、チケットやグッズの限定販売など、およそあらゆる形式でのコンテンツを提供できるというサービスです。つまりブロマガはネット上でのファンクラブを作成できるように設計されたサービスなのです。有料のウェブサービスといえば、会員しか見られない有料ウェブサイトもこれまでありましたが、ほとんど成功例はありません。なぜ有料ウェブサイトがなかなか成功しなかったのかというと、無料が主流のウェブから会員を誘導する仕組みがなかったからです。

有料メルマガが成功したのはメールが手元に溜まるからだという意見もありますが、ぼくの説では有料メルマガが成功したのはTwitterからの誘導がノウハウとして確立したからです。だとすると有料ブログも同じようにTwitterから誘導すれば成功するはずです。実際、ブロマガのログ解析によると、有料会員が同じ記事をメールで読む割合とブログで読む割合を比べるとブログのほうが大きかったのです。結局は習慣の問題だけで、本質的にはきちんとプロモーション手段が存在していて、会員限定のコンテンツを提供する手段さえあれば、ある程度のユーザはネットでもお金を払うのです。また、ブロマガではTwitterからの誘導に加えてニコニコ生放送の番組からの誘導という新しい手法も生まれています。

メルマガ・ブロマガで生活できるだけの会員獲得に成功した人が増えていくにつれ、興味深い現象も起こっています。もともとメルマガは個人が発行しているケースがほとんどだったのですが、ビジネスが成立しはじめるとスタッフを雇ってチームでつくりはじめる人たちが生まれたのです。また、そうして常勤スタッフを抱えたメルマガがよりコンテンツを充実させて会員数を伸ばす現象も起こりはじめました。

堀江氏のメルマガの他にジャーナリストの津田大介氏のメルマガも人気は高いですが、津田氏のメルマガの記事は津田氏自身というより、スタッフや外部のライターの寄稿で成り立っています。こうなると、もはや津田氏の名前を冠した雑誌か何かだと理解したほうが正確でしょう。メルマガの市場が成功すればするほど、この傾向には拍車がかかると思います。ぼくはメルマガがネットでの〝雑誌〟という形態の原型になると思います。電子書籍のストアで電子書籍化されて販売されている雑誌ではなく、雑誌は、ネットではもっとプラットフォームに近い形態に進化すると思うのです。

もともと雑誌は同じ価値観を共有する人が買うものという要素がありました。読者投稿欄が人気コーナーとなっている雑誌も多いですし、コミュニティとしての機能がもとからあるのです。また、人気のある雑誌は読者参加のイベントを開催することも多く、たんにコンテンツを提供しているというよりは雑誌自体がプラットフォームになっているのです。そういうコミュニティやプラットフォームとしての要素をうまく組み込めれば、本来は雑誌ほどネット向きのコンテンツはないでしょう。しかし、現在の電子書籍化された雑誌ではその機能は果たせません。プラットフォームとしての機能を持たないからです。

一方、メルマガではメールを送るだけですので、プラットフォームとしては非常に原始的です。したがって今後は、メルマガのような会員限定にコンテンツを提供するネットサービスがどのように進化していくかが課題なのです。

われわれが提供するブロマガは、その回答のひとつです。今後、ブロマガ以外にもコンテンツをプラットフォーム化して提供するタイプのネットサービスは登場するでしょう。われわれが想像もしない新しいコンテンツのフォーマットも生まれてくるかもしれません。そしてそういうサービスが成長しはじめてくれれば、現在はプラットフォーム側で完全にコントロールして有力なコンテンツ側のプレイヤーが登場しないような仕組みをつくっているアップル、アマゾン、グーグルのようなプラットフォームも、コンテンツをプラットフォーム化する機能を提供しはじめることでしょう。そのときにいま縮小しているコンテンツの市場は、ネットで再び花開くだろうというのが、ぼくの予想なのです。

6　オープンからクローズドへ

コンピュータの世界では「オープン」という言葉がある種の宗教性を帯びたキーワードになっています。基本、「オープン」であることは正しい。そして正しいがゆえに「オープン」が勝利する、そういったイデオロギーがあるのです。第3章でネットの世界に「無料」が正しいというイデオロギーがあると指摘しましたが、同様なことが「オープン」にもあてはまります。いや、むしろ「オープン」と「無料」とはセットで語られるべきイデオロギーであり、「オープン」というイデオロギーが勝利したことにより、いろいろなものの価格がどんどん下がっていったことが最初にあって、さらに「オープン」により価格が下がり続ける究極的な終着駅として、すべてのサービスやコンテンツは「無料」になる、というイデオロギーが誕生したのです。

実際、コンピュータの歴史は「オープン」が勝利してきた歴史であったともいえるでしょう。IBMが独占していたメインフレームといわれる大型コンピュータが支配する、融通が利かなくていちいちお金がかかる世界から、より「オープン」で安価な世界へ進化していったのが、コンピュータの歴史です。ミニコンからＵＮＩＸ、パソコン、そしてインターネットに至る重要な構造変化はすべて「オープン」そして「無料」へと近づいていく進化でした。そして「オープン」で安いサービスを提供する新興のプラットフォームが、既存の強大なプラットフォームを打ち破っていった歴史でもあったのです。

「オープン」とはいったいなんでしょうか？　「オープン」ですから「開かれている」ということです。ビジネス的な文脈で「オープン」というと、オープンアーキテクチャとかオープンプラットフォームといった言葉の略称みたいな意味合いで業界では使われることが多いようです。これは、より具体的には、だれかがつくった規格なりプラットフォームなりサービスなりを自分たちだけで利用するのではなく、だれでも使ってかまわない、という意味です。

たとえばアプリケーションプラットフォームとしてのパソコンはWindowsにしてもMacのOS Xにしても完全に「オープン」です。だれでもプログラムをつくって、配布してかまわないですし、ユーザはだれがつくったプログラムであっても使ってかまわない。そういうのが「オープン」です。

逆に「クローズド」なプラットフォームというのは昔あったワープロ専用機のように、メーカーが売っている周辺機器やソフト以外は利用できないようなシステムです。

ビジネスの世界において、なぜ「オープン」のほうが「クローズド」よりも強いのかというと、一般的な説明では自社だけではなく、参加する他企業の力も借りて一緒に市場拡大できるからということと、ユーザが安価で質の高い数多くの選択肢が得られるオープンなプラットフォームのほうを好むからだとされています。

プラットフォームの支配企業だけが独占的に利益を享受するのではなく、ユーザも含めてプラットフォームに参加する第三者も利益と主導権を分かち合えるという「オープン」なプラットフォームは、民主主義的な理念とも合致します。そして実際に市場の勝者は常により「オープン」な側だったように見えた、というのがマイクロソフトの時代からグーグルの時代へ移ったあたりぐらいまでのコンピュータの歴史だったといえるでしょう。

また、「オープン」と「クローズド」という表現は、ビジネスをしたい企業などにとって機会が「オープン」かどうかということだけではなく、あるサービスを利用したいユーザーにとって機会が「オープン」かどうかといった意味にも使われます。つまり「オープン」なサービスというのはだれでも利用できるサービスということです。「クローズド」なサービスというのは、利用するには会員になる必要があるなど、なんらかの資格が必要なサービスのことです。

このような意味でサービスが「オープン」か「クローズド」かについてであっても、コンピュータの歴史とはやはり「クローズド」から「オープン」へと移り変わってくる流れの中にあったといえます。

その流れの中でも最大のものはインターネットそのものです。インターネット以前のネットサービスにおいてはパソコン通信をはじめとして、ほとんど会員登録が必要なものばかりでした。インターネットにおいては、ほとんどのウェブサービスが会員登録をしなくてもそのまま利用が可能です。

インターネット時代においては「オープン」なサービスが「クローズド」なサービスよりも圧倒的に有利だと思われています。なぜなら、ひとえにユーザを集めやすいからです。ユーザが集まることにより、ますますそのサービスは有名になっていき、さらにユーザが増えるという好循環に、「クローズド」なサービスでは少なくともユーザ数の獲得において勝てないというのは一般的にネット業界で思われていることでしょう。

このように「クローズド」から「オープン」への流れというのは、ビジネス的な文脈では企業にとってもビジネスチャンスが広がるし、サービス的な文脈でもユーザにとって煩わしくなく利用できて望ましい、というように参加者の多くにとってメリットがあります。それに加えて、実際に「オープン」なものが「クローズド」なものを駆逐してきたという事実が特にインターネットの登場以来は顕著です。このため、とにかく「オープン」なものが正しいというイデオロギーを持つ企業やユーザが、インターネットの周辺には多いのです。

今回、ぼくが説明したいのは、この「クローズド」から「オープン」への流れというのがグーグル以降、逆流していて、いまはむしろ「オープン」から「クローズド」へ時代が流れているということです。そもそも、それ以前の時代においても「オープン」なものが常に勝ってきたのかどうか、過去を振り返りながら考えていきたいと思います。

Facebook と iPhone の登場

さて、ビジネス的な視点からもユーザ的な視点からも「オープン」という概念が存在して、「オープン」が「クローズド」に勝ってきたのがコンピュータの歴史だと、先ほど説明をしましたが、ここでいう「オープン」だとか「クローズド」だという言葉は相対的な概念です。たとえば iPhone の iOS アプリはアップル以外の会社もつくれるという意味ではオープンですが、アプリを公開するためにはアップルの審査が必要という意味では「クローズド」です。Facebook は会員IDがないと利用できないという意味では「クローズド」ですが、だれでも登録すれば会員IDはもらえるという意味では「オープン」です。

そのことも踏まえて、IT業界においてクローズドからオープンへの波が逆流しはじめたのはいつからかを考えてみましょう。それは Facebook と iPhone の登場のときからです。

米国でFacebookが大流行しはじめたのは二〇〇六年、iPhoneが発売されたのは二〇〇七年です。

comScoreの集計によると、二〇一〇年八月に米国内のネットユーザのFacebookでの滞在時間が、グーグル傘下のサイトの合計滞在時間を超えました。また、二〇一二年二月に発表されたCanalysの推計によると、二〇一一年には世界全体でiPhoneを含めたスマートフォンの出荷台数がパソコンの出荷台数を超えています。

Facebookにしてもスマートフォンにしても、それぞれ古いプラットフォームから覇権を奪った新しいプラットフォームのほうがクローズドであるという、これまでよりオープンな側が勝利してきたＩＴ業界の常識に反している例なのです。

Facebookは、インターネット全体を検索してジャンプできるグーグルのサービスと違って、Facebookの中にサービスを抱え込み、ユーザはFacebookの中だけ知っていれば事足りるようにつくられています。また、逆にFacebookの中はグーグルから検索できなくて、グーグルからのトラフィックにあまり依存しない、ネットサービスとしては珍しい設計になっています。

iPhoneでのインターネットとはウェブサービスが支配していたパソコンの世界と違って、iOSアプリというネイティブアプリ(端末にインストールするアプリ)中心の世界になっています。ウェブブラウザですら、数あるアプリのひとつにすぎないのです。そしてパソコンと違ってアプリはだれでもつくれて自由に配布できるわけではありません。すべてのアプリはアップルの審査を受けて、承認される必要があるのです。

いずれもよりオープンなものがクローズドなものに勝利してきたIT業界のこれまで本流の歴史と異なり、クローズドなものがオープンなものを駆逐《くちく》するという逆転現象が起こっているのです。そしてどうやらこの逆向きの流れは一過性の突発的な出来事ではなく、長期的に継続しそうなのです。当分、オープンな世界の逆襲は起こらなそうというのが現在の状況です。

というのもクローズドなインターネットを指向しているのは、Facebookやアップルだけではないのです。

Facebookのような、SNSと呼ばれる友達のつながりを中心とした閉じられた世界を見せるタイプのネットサービスは、TwitterやInstagramをはじめとして、ここ近年のインターネットの大潮流です。

そしてiPhoneが切り開いたスマートフォンの世界も同様です。現在、スマートフォンのマーケットはアップルのiOS対グーグルのAndroidの一騎打ちの様相を呈していますが、本来、オープンなインターネットの旗手であるはずのグーグルがAndroidの戦略において多くの点でアップルのiOSを模倣しており、どうやらスマートフォンの世界でもオープン対クローズドのプラットフォーム戦争は起こりそうにない状況なのです。

より自由へ。独占ではなく参加者全員の共存共栄へ。ＩＴ業界においては、そういう進化が理念的にも正義であり、また歴史の必然であるという感覚がある時期までは共有されていたように思います。いまでも似たようなことを思っている人はまだまだ多いでしょう。いったいなぜこんな逆転現象が起こったのでしょうか？

イエローページ時代の終焉

まず、オープンなインターネットの象徴であるグーグルに代わって、クローズドなFacebookがユーザの時間を多く奪い始めたことは、どう考えればいいでしょうか？

簡単な説明でよければ、ぼくはいつも電話機の話を例にします。グーグルはでっかい電話帳、イエローページ（日本ではタウンページ）みたいなものだというのです。

電話が世の中に普及しはじめたとき、イエローページというのは非常に重要なメディアでした。インターネットがＩＰアドレスで人間をつないだネットワークだとしたら、電話の世界は電話番号で人間をつないだネットワークです。そして電話の世界のポータルはイエローページだったのです。近くの歯医者に行こうと思ったときもまずイエローページで歯医者のリストを探して、その中からどの歯医者に行くかを決めたりしていました。イエローページに載っていない歯医者は存在していないも同然でした。なので広告メディアとしても電話帳は重要で、ただでさえ厚いイエローページがたくさんの広告でますます分厚くなったのです。

しかし、電話がどんどん一般的になってきて人々の生活の中に浸透していくと、イエローページのようにぶ厚い共用の電話帳ではなく、自分がいつも利用している電話番号や友達の電話番号をまとめた個人用の電話帳のほうが重要になっていき、利用頻度が上がってきます。また、プライバシーを守るためにイエローページには自分の電話番号を載せない人も増えてきました。そもそも本質的にプライベートである携帯電話はイエローページには載りません。結局、携帯電話の時代になると、イエローページでいくら調べても載っていない電話の世界のほうが、イエローページで調べられる世界よりも大きくなったのです。

つまり電話の歴史で電話番号をどうやって管理したかを考えると、イエローページのような公開されていてだれでも検索できる電話帳よりも、個人で管理して自分しか見られない電話帳のほうが最終的には大事になったということです。

このような電話の世界でのイエローページと個人の電話帳との関係の説明は、ほとんどそのままグーグルとFacebookとの関係に置き換えても成立します。

インターネットの初期にはイエローページ的な、インターネットを網羅的に検索できるグーグルのようなサービスが便利で利用されました。しかし、インターネットが一般的になって人々の生活の中であたりまえの存在として浸透していくにしたがって、Facebookのようにインターネットの広大な世界の中でも自分の知人や友人などの身の回りの世界だけを整理して見せてくれる存在が重要になってくるのです。そして、自分の個人的な日記みたいなものをインターネットに公開する場合にも、グーグルで検索できるホームページやブログではなく、グーグルでは検索できない、自分の知っている人しか閲覧できないFacebookのような場所を選ぶ人が増えてくるのです。

こうして考えると、まだまだ売上利益では圧倒的にグーグルのほうが巨大なときからも、やがてグーグルの時代からFacebookの時代へ覇権交代が起こると予想したネット業界人が多くいたことが理解できると思います。インターネットという人間社会の発達にともなって、オープンな公共の場からクローズドなプライベートの場へネットユーザの生活の中心がシフトしていくのは当然の流れだといえるでしょう。

オープンプラットフォーム対クローズドプラットフォーム

グーグルからFacebookへの流れとは別に、もうひとつの大きなオープンからクローズドへの流れがあります。パソコンからスマートフォンへの流れです。この流れを仕掛けたのはアップルです。iPhone の登場です。

スマートフォンとは、おおざっぱにいうとパソコン化した携帯電話のことですが、いわゆるパソコンとは非常に大きな違いがあります。まったくもってオープンじゃないプラットフォームなのです。パソコンとの一番大きな違いは、自由にアプリケーションをつくり、流通することが許されていないという点です。iPhone の場合は App Store というアップルのサービスを通じてしかアプリの配布ができません。また、アプリを配布するためにはアップルの審査が必要です。インターネット業界の常識では、このようなクローズドな仕組みはうまくいかないはずなのですが、このまるで任天堂のゲーム機ビジネスのような仕組みが結局は大成功して、iPhone でユーザが利用するサービスはほとんど App Store からダウンロードするアプリで賄われ、ウェブブラウザの用途はパソコンで見ているサイトをスマートフォンでも見たいというような一部の場合に限られる結果になりました。

少し前までは、マイクロソフト対グーグルの覇権争いの構図の中で、今後のアプリはやがてすべてウェブアプリ(ウェブブラウザ上で動くアプリ)化して、クライアントにインストールするネイティブアプリはなくなるだろうとか言われていました。あれはどこにいったのでしょう。最終的にアプリはパソコンと有料の Windows の上ではなく、どんなコンピュータでも無料のブラウザさえあれば動作するようになるというのが、マイクロソフトに対抗するグーグルを筆頭としたインターネット陣営の目標ではなかったのでしょうか？

実際に、インターネットの歴史はネイティブアプリが次第にウェブアプリに置き換えられていく流れだったはずです。

ところがiPhoneがその流れを逆転させたのです。iPhoneでは、ウェブブラウザですらアプリのひとつでしかないという扱いなのです。

スマートフォンにはiPhoneのライバルであるグーグルのAndroidもあります。Androidはどうなっているのでしょうか？　こちらも実はアップルのiPhoneでの戦略を基本的に踏襲しているのです。App Storeの代わりにGoogle Playというサービスを用意して、やはりグーグルの審査を通らないとアプリは配布できない仕組みになっています。ただし、少しだけ、グーグルのほうがアップルよりもオープンなのです。審査も簡単だし、アプリストアもグーグル以外のプレイヤーを一部認めたり、ネイティブアプリとウェブアプリとの連携を認めたりと、アップルよりも少しだけオープンというスタンスをとっているのです。

このあたりのグーグルの行動は、もともとグーグルが持っているとみんなに期待されているグーグルの理念とは逆行するように見えます。すくなくともパソコンのインターネットでグーグルがとったオープン戦略は、もっとイデオロギー的な信念に裏打ちされたものに（事実はともあれ）見えました。Android上でのグーグルのオープン戦略はアップルとの競争で優位に立つために必要最小限なものとして便宜的に採用されたものにしか見えません。

まあ、しかし、グーグルも所詮は営利企業です。そもそも企業にとって、競争戦略としてのオープン戦略とクローズド戦略にどのような利点と欠点がそれぞれあるのかを考えてみましょう。

プラットフォームのオープン戦略の得失

実はオープン戦略とクローズド戦略の戦いの構図というのは、アップルにとってiPhoneとAndroidがはじめてではありません。そもそもパソコンが誕生して以来、アップルはオープン戦略と戦いつづけてきた会社なのです。そしてこれまでは決定的な戦いにおいて常に敗北しつづけてきた会社なのです。いわばパソコン業界におけるオープン戦略の優位性神話のうち、かなりの部分は、オープン戦略の下に集まった連合軍が強大なアップルを倒すことで培われてきたとすらいえるでしょう。

現在でもパソコンはいわゆるWindowsとMacの二種類しかありません。Windowsパソコンはいろいろなメーカーから製造発売されていますが、Macを製造発売しているのはアップル一社だけです。そしてパソコンのシェアの大部分はWindowsが占めているのです。WindowsがMacに勝ったのはまさにオープン戦略のおかげだといわれています。いろいろなメーカーから発売されることによって、お互いが競争して、全体としての販売力と価格競争力でWindowsがMacを圧倒したため勝利したということになっています。オープン戦略だと味方が増えるので有利だということです。この考え方はどのぐらい正しいのでしょうか？　ここでアップルの歴史をおさらいしてみましょう。

アップルの輝かしい歴史は世界最初のパソコンといわれるアップルⅡの大ヒットからはじまります。急激に膨張するパソコン市場に危機感を覚えた世界最大のコンピュータ企業であるＩＢＭは、ＩＢＭ ＰＣというパソコンでアップルⅡの市場を奪おうと試みます。このときに後発のＩＢＭはアップルに対抗するためにオープン戦略をとります。ＩＢＭ ＰＣのアーキテクチャを公開し、他の企業がＩＢＭ ＰＣの互換パソコンをつくることを容認したのです。結果、世界中のパソコンメーカーがＩＢＭ ＰＣ互換機をつくるようになり、巨大なプラットフォームが誕生しました。ソフト会社もアップルⅡよりも大きなＩＢＭ ＰＣ互換機の市場向けにどんどんアプリケーションを開発するようになり、結果的に、ＩＢＭ ＰＣ互換機のほうがアップルⅡよりもたくさん売れてソフトもたくさんあるという状態になりました。ＩＢＭ ＰＣ互換機陣営がアップルに勝利したのです。

しかし問題だったのは、勝ったのはＩＢＭ ＰＣ互換機陣営であって、ＩＢＭが勝ったとは必ずしもいえなかった点です。ＩＢＭ ＰＣ互換機というオープン市場ではだれでもパソコンメーカーになれるため、どんどん価格が下がっていき、高価なIBM PCはどんどん売れなくなっていったのです。じゃあ、勝ったのはIBM PC互換機をつくっていたIBM以外のパソコンメーカーかというとそれも違っていて、価格が低下したためパソコンメーカーというビジネス自体があまり儲からないものになりました。このIBMの例のように自社技術をオープンにすることは、市場を獲得するには非常に有効ですが、結果的に市場も利益も失ってしまう諸刃の剣になりうるのです。

ちなみにIBM PC互換機の市場においてパソコンメーカーはあまり儲からないビジネスになってしまいましたが、パソコン用のCPUをつくっている会社であるインテルと、基本ソフト(OS)をつくっているマイクロソフトの二社は大変に儲かりました。これはIBM PC用のCPUとOSという立場で独占的な地位にあったからです。やっぱり独占は儲かるのです。しかも、あるビジネスで他社と分業する場合には、自分がやる仕事については独占で、他社が担当する部分については「オープン」になっていて競争がある、こういう状態が一番儲かるのです。

そういう意味でパソコンメーカーには競争させて、自分たちは独占をしていたこのインテルとマイクロソフトはお互いに強い協力関係にあって、ウィンテル(Windowsのウィンとインテルを掛け合わせた造語)と呼ばれていたのですが、その一方でお互いが自分だけ独占しようと裏切りあっていたことは興味深いです。マイクロソフトもインテルも自分の独占的地位は守りつつ、相手の独占的地位は崩そうとしたのです。マイクロソフトのほうは自社のWindowsがインテルのCPUに依存せずにいろいろなCPUで動作できる仕様にして、インテル以外のCPUメーカーの台頭を促しましたし、インテルはインテルでマイクロソフト以外のOSでもインテルのCPU上で動作することをアピールしました。結局、自分以外はオープンな市場で、自分のやっていることはクローズドな市場で独占するというのがいちばん都合がいいのです。

最初に説明したように、オープン神話ともいえるイデオロギーがインターネットの世界にはありますから、批判を恐れて表だってはいいにくいですが、ほとんどのIT企業は、オープン戦略をうまく使って市場を獲得しつつも、肝心なところは独占したいと本音では考えていると思っていいでしょう。そのためにはどうすればいいのかのノウハウがだんだんとIT企業の間で蓄積されてきたことが、オープンからクローズドへ時代の流れが変わってきた根本の理由だと思います。

アップルもグーグルもオープンにしなくても勝てると思ったから、クローズドな戦略を取っただけだと理解するのが正しいでしょう。

オープンにしなければ絶対に勝てないというわけではないし、可能であればクローズドなまま勝てたほうが得である、そういうバランスの中でなにをやるかというだけなのです。

今後のオープン対クローズド

今後、しばらくは人間社会としてのインターネットがクローズドな方向に流れるのは避けられないというのが、ぼくの考えです。プラットフォームの支配者にとってオープン戦略は強力かつ必須な武器ですが、クローズドにしたほうが儲かります。そのバランスをどう取っていくのかが今後の課題ですが、現状からはもう少しクローズドな方向に針がふれるでしょう。

どのあたりでバランスを取るのかを考えるために、もういちどＩＴ業界の歴史を振り返ってみましょう。ＩＴ業界の本流はパソコン＋インターネットの世界ですが、その周辺に家庭用ゲーム機の世界やネット対応携帯電話機の世界が存在しました。後者についてはスマートフォンの登場により、むしろパソコンに代わっていまやＩＴ業界の本流になりそうな勢いです。こういった周辺の世界では、パソコン＋インターネットの世界よりも遥《はる》かにクローズドでかつ成功していたモデルがもともと存在しているのです。

任天堂モデルとも呼ばれる家庭用ゲーム機のビジネスモデルは独特です。ゲーム専用機に特化したコンピュータを高性能かつ廉価で大量販売し、ゲームソフトの販売で利益をあげるというやりかたは、結局、ソニーやマイクロソフトが対抗して発売したゲームでもそのまま踏襲されたビジネスモデルです。このビジネスモデルで重要なのはパソコンソフトと違ってゲームソフトは任天堂などのプラットフォームの許可がないと販売できないことです。そのことによってゲームソフトの品質が下がらないように、また、過当競争にならないようにゲームソフトのタイトル数を調整したりするわけです。この許可がないとソフトを販売できないという方式がポイントで、かつてのＩＢＭとは違ってプラットフォームが絶大な支配力を行使し、利益を確保できる構造がつくられているのです。

この任天堂モデルを模倣して成功したのが携帯電話のｉモードです。ｉモードは携帯電話にＮＴＴドコモが搭載した機能ですが、ｉモードでサービスを提供するためにはドコモの審査が必要で、ドコモが許可したサービスしかｉモードのメニューリストに載りませんし、課金もできません。任天堂などの家庭用ゲーム機のプラットフォームと違って、審査自体は基準も公開されていて、だれでも申し込めることになっていますが、ドコモが許可をしないとサービスを提供できないということには変わりがありません。アップルやグーグルのスマートフォンのビジネスモデルは、このｉモードを参考にしたといわれています。

さて、iPhone のようにプラットフォーム側でアプリを審査すると、いうまでもなくプラットフォーム側の力は強くなります。なぜならプラットフォーム側が恣意《しい》的に自分にとってメリットのあるアプリは公開し、都合が悪いアプリは公開させないということができるからです。これはちゃんと審査の基準が公開されていて、公平に審査をするとプラットフォームホルダーが謳《うた》っていたとしても、本当のところはどうなのかはまったく分かりません。

そもそも審査件数が多いと複数の担当者で分担して審査をすることになりますから、担当者によって判断基準や判断にかかる時間が変わるということはどうしても起こってしまいます。また審査基準も、そこまで厳密に定義しているケースは少ないですから、どうしても担当者の主観的な判断に委ねられる部分が残ります。しかも、アプリを審査してもらう前に、秘密保持契約(NDA)をプラットフォームと結ぶ必要があるので、担当者の判断に疑問があったとしても、そういう情報は世の中に公表するのが難しいのです。だから、本当に公平に審査をやっているかどうかについても判断がつきにくく、もし自分たちに都合が悪い判断をされたとしても、それがたまたまなのか、それとも恣意的に嫌がらせをされているかの区別ができません。結果的に、プラットフォーム側がいくら公平に審査をやるといっていても、コンテンツの提供側の立場は弱くなってしまい、プラットフォーム側の顔色を窺《うかが》うことになるのです。

結局のところオープンからクローズドへネット業界全体が流れていくのはなぜかというと、オープンにするかクローズドにするかの決定権を持っているプラットフォームにとって、クローズドにしたほうが得だからです。これを覆《くつがえ》せるとしたら消費者だけです。消費者側がオープンなプラットフォームを選択するという流れをつくっていけば、クローズドなプラットフォームをつくって利益を独占したいというプラットフォーム側の願望に歯止めがかかります。

しかし、これについてぼくは非常に悲観的です。理由のひとつは消費者自身がクローズドで一貫したコンセプトでつくりこまれた製品を好む傾向にあるからです。自由度の高いコンピュータでゲームをするのでなく専用機でゲームをすることを選んだり、アップルがほぼすべてをコントロールしてデザインしたiPhoneの人気が高いことを見ても明らかです。オープンであることと自体は魅力的ですが、オープンであるためには、他社と分業でつくる部分についてデザインやサービスなどなにかを妥協することが必要です。尖った製品やサービスをつくるためにはすべてを一社で決めたほうがいいに決まっています。実際、iPhoneが閉鎖的なアプリ市場をつくっているとして批判しているのはIT業界やコンテンツ業界の中の人であって、消費者自身は最終製品としてのiPhoneを支持しているのです。

もうひとつの理由として消費者がプラットフォームに対して、政府のような役割を期待しはじめたということがあります。実際、アダルト商品や公序良俗に反するソフトの排除など、法律ではなくプラットフォーム側が自主的におこなっているケースも多く、またユーザ自身もそれを要求します。公共の福祉のために、行政の機能の一部を実行するというプラットフォームの権力行使を、おそらく消費者は支持し、後押しする可能性が高いのです。

たとえば、今後、プラットフォームにはユーザの個人情報がどんどん集まっていく可能性が高まっています。このことはプラットフォーム側にとってまた新たな権力基盤となります。プラットフォーム上でビジネスをする会社も、もちろん、その個人情報を分けて欲しいところですが、ユーザがとんでもないと反発するのはもちろんのことです。そうするとプライバシー保護の観点から、プラットフォーム側による個人情報の独占もおそらく支持されることになるでしょう。同様にユーザのためになるという大義名分さえあれば、プラットフォーム側はいろいろなルールを好きにつくれるのです。

当分の間、ＩＴ業界のオープンからクローズドへの流れは止まりそうにもないというのが、ぼくの考えです。

7　インターネットの中の国境

インターネットについて語るとき、よく使われている表現に〝インターネットには国境がない〟という台詞があります。ぼくにいわせると、これはちょっと詩的な表現であって、インターネットにだって分かりにくいだけで国境はあるだろう、とすぐに反論したくなってしまいます。

しかし、確かに、インターネットの世界は一種の治外法権となっていて、国家がコントロールすることが非常に難しい場所であることも、また、事実です。下手をすると国家が決めるルールよりも、巨大なユーザを抱えるネットサービスが決めたルールのほうがネット社会への影響力が大きいこともしばしばです。また、そういうネットサービスは国をまたいで利用できたりしますので、インターネット上のユーザにとって国境という概念は非常に希薄《きはく》になります。

この「インターネットに国境がほとんど存在しないように見える現象は、今後も続くのか？」——ということが、この章のテーマです。

インターネットに国境がなくて国家の支配も及ばない、というのは、インターネットでビジネスをする企業やネットユーザにとってはもちろん好ましい状況といえるでしょう。また、損得勘定はおいておいても、インターネットが国も国境も関係ない場所であるということは道徳的にも正しいことであり、世界の歴史が進むべき道であると一般的に考えられているように思えます。

しかし、インターネットに国境がないのが本当に正しいのかは、もっと議論されていい重要なテーマではないかと思います。むしろインターネットが普及しだした初期のころのほうが、そういう議論もあったのではないでしょうか。現在、インターネットの時代になって世の中が変わるのは当然だという観念が広がる中で、よく議論もされないまま、まあ、なんとなく、インターネットに国境がないのはそういうものなのだろうと漠然と現実を受け入れている人が大部分ではないでしょうか。

特にインターネットに詳しいと自認する人ほど、インターネットに国境がなくて国家権力も及ばないほうがいい、と思っている人が多数派であるように思います。その理由の主なものは以下のようなパターンでしょうか。

• 国家がそもそも嫌いである人。インターネットに限らず、本当ならネット以外でも国家権力が及ぶ範囲は小さいほうがいいと思っている。

・世界統一国家を夢想する人。国家間で戦争や、経済格差があることを良しとせず、インターネットを通じて国境がなくなり、争いのない平等な世界統一国家が実現する方向へ進化する未来を夢想している。

・インターネットが言論の自由を実現する場を与えると信じる人。独裁政権ですら言論統制できないメディアとしてインターネットが機能し、革命を起こす原動力となったり、政府などの腐敗を防止する役目を果たすと思っている。

・世の中の流れだと思っている人。インターネットを中心にさまざまな技術革新や社会変革が起こっており、世界を動かす大きな流れに乗り遅れることを恐れている。

だいたいこの四つのパターンで、インターネットに国境がなくて国家権力も及びにくい現状のほうが望ましいと思う人たちの理屈は説明できているように思います。

この四つのパターンの理屈のいずれか、あるいはふたつ以上をインターネットの大部分の知識人は持っていますので、結果的にはインターネットに国境がなくて国家の支配が及ばないことに疑念を持つ人はあまりいません。

だから、いまの状態が続いているわけですが、今後の一〇年あるいは二〇年というタイムスパンで見た場合は、反動現象が現れて、インターネットに国境をつくろうとする動きが活発化するだろうというのが、ぼくの予想です。

いまのところ、あまりこういったことを声高に主張する人は少ないように思いますが、おそらくは現在のインターネットの主流のイデオロギーに真っ向から反するので非難されることを恐れて口に出さないだけで、同じようなことを考えている人は意外に多いのではないでしょうか。

ぼくの意見とは逆に、インターネットの伝道師を自認する人の中には、インターネットが引き金となってなし崩し的に国境は消滅し、いずれ世界は統一されると主張する人も存在します。また、ぼく自身も、それはあながち妄想ではないと思っています。しかし、まだ、早い。国家だってそんなに簡単にはなくなりません。いまはインターネット登場の最初期であり、国家がインターネットとどう向き合っていいかを、まだ、よく分かっていないだけだと思うのです。

国家にとってインターネットが治外法権な場であり、社会の中でその領域がどんどん拡大していくことは、国土の中で自分たちが支配する場所が実質的に減っていくということで、本来は耐え難い話のはずなのです。国家は必ずインターネットに国境をつくり、ネットにも自分たちの支配を確立しようとするはずです。

それが成功するかどうかは別にして、今後の何十年かにおいては、国家がインターネットに支配を及ぼそうとする動きがネット社会の大きな流れのひとつとなることは間違いありません。そしてインターネットを国家が支配するためには、最終的にはネットに国境をつくる必要があるのです。ネットに国境ができるかどうかで、二一世紀の国家の運命は大きく変わることになるでしょう。

なお、ここでひとこと断っておきますが、ぼく自身がインターネットに国境をつくるべきであるという主張をしているわけではありません。国家がインターネットに国境をつくろうと試みるのは当然のことであり、それが今後のインターネットの歴史の大きな軸になるだろう、と主張しているだけなのです。

国家がネットを支配する方法

国家がインターネットも支配下に組み込もうとするときに、どのような手段が考えられるでしょうか。

そもそも国家の主権が及ぶ範囲というと、ふつうに考えると物理的な空間領域である領土ということになります。領土はもともとは陸地だけでしたが、陸地の周りの海である領海や、それらの上空であるところの領空というように、領土の概念も拡張されてきました。

バーチャルなインターネットにも領土の概念を適用すると、さだめし領網《りょうもう》とかいうような単語になるのかもしれません。物理空間と違うサイバー空間にどのような領土概念が可能であるかは面白い議論のように思えますが、そんな難しい話を考えなくても、インターネットを構成する物理的な実在がどこの国の領土に存在するかで、どこの国の法律に従うべきかを決めるのが、いちばん分かりやすい理解でしょう。

インターネットを構成する物理的な要素というと、大雑把にいえば人間と設備のふたつです。インターネットを利用する人間は、ユーザだろうが、ビジネスをおこなっている法人だろうが、国内にいる限り国家は国家が決めた法律に従わせることができるでしょう。また、国内に存在する回線設備やサーバも国家が決めた法律には従わざるをえません。まずは、インターネットを構成する物理的な要素がどこに存在するか、それが国内だったら「いうことを聞け」と、国家は命令してもいいでしょう。そして現実問題として国家がインターネットを支配するには、他に方法はないのです。

ところが国内にある人間と設備をいくら法律などで縛っても、それだけではインターネットを支配するには不十分であるというのが、国家にとっては悩ましいところです。なぜなら、ビジネスをおこなっているのが海外の法人の場合やサーバが海外にある場合には、基本的に国家の主権は及びません。そして、そういった国家の支配できないサービスでも、インターネットで繋がっていればだれでもどこからでもアクセスできてしまうというのが、インターネットというものの根本的な特徴だからです。

具体的な例としてポルノ画像(動画)を挙げると、日本では性器の露出は禁止されており、成人向けの写真集や映画、ビデオなどではモザイクをかけるなどの処理がされていないと販売できません。インターネットの場合も同様で、日本の会社は無修正のポルノを販売したり見せたりすることはできません。これは海外のサーバにポルノのデータを格納したとしても同様です。また、インターネットの掲示板でも無修正で性器が露出する写真を日本人がアップロードした場合は猥褻物陳列罪で逮捕される可能性がありますし、その掲示板の管理人が日本人だった場合には、そのようなポルノを削除しないで放置すると猥褻物陳列罪が適用される可能性があります。この場合、サーバの所在地が海外であっても関係なく、管理している人間が日本人であれば逮捕される可能性があるのは同じです。

ところが日本人でない海外の人間が、海外のサーバにアップロードした場合は完全に海外での出来事ですから、日本の法律は適用されません。また、海外のサーバに日本人がアップロードした場合でも、海外のサーバがアクセスログ(利用記録)を提供しなければ、だれがアップロードしたか分かりませんし、海外のサーバ自体を日本政府が規制することはできませんから、結局、国内にあるサーバだけが日本の法律が及ぶ限界となってしまいます。結果として、ちゃんと日本語で説明が書かれていて、どうみても日本人を対象とした無修正ポルノサイトであっても、海外にあるサーバに対しては日本の法律を適用できないのです。現実問題として見ているのは日本人だけであったとしてもです。

　別の例として、動画投稿サイトを挙げます。動画投稿サイトとはユーザが自由に自分の持っている動画を投稿するサイトであり、二〇〇五年にサービスを開始したYouTubeの大ヒットにより、類似のサービスが世界各地に登場しました。しかし、ユーザが投稿する人気動画のかなりの部分に、テレビ番組や音楽ソフトなどの著作権侵害をしているものが含まれており、このような違法動画をどのように削除するかについては、常に議論の対象となってきました。

　日本では通称「カラオケ法理」と呼ばれる考え方があります。著作権を侵害した本人ではなく、その設備を提供して営利活動をおこなった人を著作権侵害の主体とみなす考え方です。一九八八年、日本音楽著作権協会（ＪＡＳＲＡＣ）の許諾を得ず客に有料でカラオケ機器を提供していたカラオケスナック店の経営者に対して最高裁判所が賠償を命じる判決を下したことが、名前の由来になっています。

　著作権侵害動画をアップロードしているのがたとえユーザであっても、動画投稿サイトを営利目的で運営しているのであれば、運営会社自体が著作権侵害をおこなっていると裁判所が判断する可能性が高く、事前に投稿された動画をチェックするか、自主的に投稿された動画をパトロールすることが法的リスクを回避するためには必要です。しかし、実は動画投稿サイトでこのような自主的な検閲をおこなっているのは世界の中でも日本の動画投稿サイトぐらいです。手前味噌となってしまい言いにくいのですが、つまりニコニコ動画ぐらいです。

米国の場合ではデジタルミレニアム著作権法（二〇〇〇年一〇月に施行された、デジタルデータに関する米国の著作権保護法）の解釈により、削除申請があれば無条件に消す「Notice and Take Down」と呼ばれる手続きをおこなっていれば問題ないというYouTubeなどの主張が概《おおむ》ね認められていて、米国以外の動画投稿サイトでもこの方式が一般的です。

つまり世界中の動画投稿サイトを全部監視して削除申請をしなければ、コンテンツホルダーが自分のコンテンツがインターネットで無断で流通するのを防ぐことはできません。それはほとんど不可能ですから、結局は違法動画がたくさんある海外の動画投稿サイトというものが登場するのを防ぐことはできません。そして海外の動画投稿サイトの多くは削除申請を日本語では受け付けてくれません。ところが削除申請は日本語でできなくても、サイト自体は日本語対応をしている海外動画投稿サイトがあったりするのです。日本からのアクセスに対して、ちゃんと親切にも日本語で使い方とかタイトルが表示されたり、日本人向けのバナー広告などが表示されたりするのです。

このように国家が自国内のインターネットに支配権を及ぼそうとしても、海外の人間が海外のサーバを利用する限りは、自国民がユーザであったとしてもコントロールは非常に難しいというのが、実態なのです。

ネットの国境のつくり方

さて、国家がインターネットを支配するのは現状では難しいということが分かりましたが、今後、それでもインターネットにも国家の主権を確立するんだと国家が決意した場合には、どのような方法があるでしょうか？

ふたつ考えられます。ひとつめは、インターネットのアクセスログの保存と提出を義務づけて、国民の行動を監視することです。もうひとつは自国の法律に従わない海外のサーバへのアクセスに制限をかけることです。後者が今回のテーマであるネットに国境をつくるということであり、これが実行されるかどうかによってネットの未来が大きく変わるのです。

前者は要するにサーバが他国だろうが、自国の国民であれば法律に従わせられるはずということで、国民の行動の履歴を確保することで法律なりなんなりを守らせようということです。先ほどのポルノ画像や著作権侵害動画の場合なら、海外サーバの海外運営者を罰することができないなら、閲覧した国民を罰すればいいという理屈です。

後者は、国内で違法となるサイトは国内からのアクセスを遮断《しゃだん》すればいいという理屈です。前者にせよ、後者にせよ、ネット側が大反対するのは間違いありません。しかし、今のところ、後者は俎上《そじょう》にも載っていないのですが、前者についてはかなり進行しています。日本も二〇一二年に批准したサイバー犯罪条約(コンピュータネットワークを使った犯罪に関しての対応を取り決めた国際条約)では加盟国がインターネットプロバイダにログ(通信記録)を保存するように義務づける条項があり、サイバー犯罪防止のためという名目から、すでにインターネット利用者の行動履歴を追跡できる環境が整備されつつあります。おそらくは今後もログの種類や内容について、増えこそすれ減ることはないでしょう。

アクセスログの保存にせよ、アクセス制限にせよ、国家がネットを規制するということは今のところのネット世論的には猛反発があるでしょう。しかし、ぼくらがネットでのユーザの意見をアンケート集計していて感じるのは、最近、多数派となってきた若いネットユーザの大きな特徴として、モラルの異常な高さがあるということです。悪いものは規制されたり罰せられるのが当然と考えているユーザのほうが案外と多いのです。ポルノや著作権侵害、犯罪防止のためという大義名分の前には、長期的にネット世論はあまり抵抗できないんじゃないかとぼくは思います。

そして若いネットユーザのもうひとつの特徴として、愛国心がとても強いことがあります。だから、「海外にサーバがあると、日本の企業にはできないことがやれて競争が有利になるという状況は不公平である」という認識を持つ日本人が増える可能性はけっこうあるでしょう。そんなわけで、長期的には国家がネットを規制するということは意外と受け入れられるんじゃないかというのが、ぼくの予想です。

また、国家の側からすれば、規制する側の理屈として国の中に支配できない領域があるということを最終的には許容できないだろうと思います。

社会全体に占めるネットの存在の大きさが増すにつれ、ネットを統治できない国家なんてものは存在意義が問われるわけです。国家はネットをコントロールするチャンスを常に窺《うかが》うはずです。ネットの中でも国民を支配するということは、国家が決めたなにかのルールに従ってもらうということですが、まず、ルールに従ってもらうための前提条件として、ネットの中で人間がルールを守っているかを把握できる能力が国家にないと話になりません。また、ルールに従わない場合には従うことを強制させるための能力を国家が持つことが必要になります。海外のサーバに対してはなかなか国内のルールに従うように強制はできませんから、ルールに従わない海外のサーバには、せめて国内からのアクセス制限をするしか最終的な解決策はないでしょう。

しかし、国家がネットで主権を行使するために、海外サイトへのアクセス制限なんてしなくても、アクセスログの保存だけしていれば、それをもとにユーザへ警告なり処罰なりすればいいので、なんとかなるんじゃないかという意見もあると思います。残念ながら、ぼくは、アクセスログの保存だけでは無理だと思っています。理由を箇条書きにすると以下のとおりです。

・ユーザ全員をアクセスログで監視するのは数が多すぎて現実的ではない。ネットユーザの数よりはサービスの数のほうが圧倒的に少ないので、サービス主体を制限すればいいアクセス制限のほうが楽に実現できる。

・アクセスログで監視する場合でも、海外サーバでおこなわれているサービスのログは国際的な協力が必要であり、自国だけではできない。つまり自分たち一国だけの政策でネットをコントロールすることはできない。

・したがって国際的な合意の得やすい犯罪などについては条約などを成立させられても、経済活動をコントロールするための政策については国際間の合意は難しい。

・今後、ネットサービスが複雑化、抽象化されていく中で保存すべきアクセスログの種類は増えて、定義自体も困難になっていくことが予想される。

・アクセス制限をした場合は国家が決めたルールに従うサービスしか、国内からアクセスできるネット上には存在できないようにすることが可能なので、国家がネット上での政策的な自由度を持つことができる。

結局はアクセス制限をしないインターネットで、ローカルな国家が自分だけのルールを決めようとしても、海外サーバ経由でのサービスに規制をかけられない限り、無意味だということです。したがって国際間で同じルールで合意して、すべての国で規制をするか、一国だけで規制する場合はネット上に国境をつくってアクセス制限をしないと実効性がないのです。経済的な利害関係が絡む問題で国際間で同じルールをつくることがいかに難しいかは、これだけグローバル企業による租税回避が問題になっているのにもかかわらず、各国で租税制度が異なっている現状を見れば明らかでしょう。

国境のないネットでの国際競争のルール

さて、ここまで国内のルールに従わない海外サーバへのアクセス遮断が、インターネット上で国家が主権を行使するのにいかに本質的に重要かということを説明してきました。海外サーバへのアクセス遮断をする権利を国家が行使するということは、まさしくネット上に国境をつくるという話です。そしてぼくは近い将来、国家がネット上に国境をつくろうとする動きが起こると予想しているのです。

にもかかわらず、ぼくは本当に国境ができるかどうかについてはまだ結論が出せません。ネット上に国境をつくろうとする動きが起きるところまでは確実だと思いますが、本当にできるかどうかは五分五分だと思っているのです。

国境がネット上にできない現在の状態がずっと続いたとしたら、なにが起こるでしょうか？その可能性も考えてみましょう。

ひとつ予想できることとしては、租税の世界で起こっていることがより広範囲に起こるということです。つまり国家の戦略として、より規制を緩やかにしたほうが国際競争上有利になるという現象が起こるということです。

税金の場合は、より税金の安い国に本社を移すという現象が発生しています。国家間で税金の引き下げ競争が起こる圧力が発生するのです。同じような現象がより広範囲に発生するでしょう。税金の安さ、解雇規制の少なさ、その他あらゆる経済活動について規制の少ない国にサーバをたてて運用したほうが得だという状況が発生するのです。

インターネット時代には、規制がいかに少ないかについて国家同士の競争がおこなわれるのです。他国にない規制がある国家は、自国の市場を海外企業に奪われるリスクに晒《さら》されることになります。そんなわけですから、もし、新しい規制をつくろうとした日にはさらに大変です。自国だけでは駄目で、諸外国との国際的な協力関係を構築しないと、実効力のある規制はつくれないことになります。これは相当にハードルの高いことです。租税や犯罪のようにある程度、国家間で問題意識が共有できる事柄ですら国際的な合意を形成するのは非常に難しくて時間もかかるのです。

　スピードの速いインターネットの世界でのビジネスの進化の速度に各国の政府が協調して対策をたてて追いついていくというのを想像するのは、なかなか難しく思えます。そうなると結局、国家が規制できるのは国内のネット企業だけということになります。国内企業だけ規制されて海外企業は対象外という、ほとんど海外企業の保護政策みたいな話になってしまうのです。海外企業も対象にすべく自国内だけのネットのルールをつくりたければ、やはりネットに国境をつくって、国内ルールを守らない海外企業は自国のネットの国境の内側へはアクセスできないようにする必要があるのです。

　海外企業と日本企業の規制による競争の格差について、いくつか例を挙げましょう。ひとつは先ほども紹介したポルノサイトです。国内の業者が運営しているポルノサイトは性器にモザイクがかかっているコンテンツが配信されていますが、海外の業者が運営しているポルノサイトでは無修正のコンテンツの配信が可能になっています。海外の業者が運営しているといっても実態は日本人向けのサイトであって、そういうものが人気です。有料会員制のサイトも多く、単位がドルなだけで、クレジットカードで日本からも支払いが可能です。

　もうひとつの例は動画投稿サイトです。これについても先ほど紹介しましたが、日本の動画サイト(といっても、もはや大手はニコニコ動画ぐらいになってしまいましたが)は自主パトロールをおこなっているため、「丸上げ」と呼ばれるDVDやテレビ番組、音楽PVなどをそのままアップロードする行為はあまりおこなわれていません。ユーザも分かっていて、そういう動画は海外のサイトに投稿するのです。また、ポルノ専門の動画投稿サイトもありますが、これも日本で人気のポルノ動画投稿サイトはFC2やXVIDEOSなど海外企業が運営しています。ちなみにFC2とは日本からのアクセスが主なサイトで創業者も日本人だといわれていますが、米国ネバダ州に本社のある米国法人です。あまり知られていませんが、動画投稿サイト以外にもブログなどを運営しており、日本でトップクラスの巨大サイトです。

また、国ごとに異なる規制とは法律だけではありません。特殊な取引慣行や業界に存在する暗黙のルールや力学が影響を与えることも多々あります。iPhoneやAndroidのようなスマートフォンを、なぜ、iモードという世界で最初に大成功したインターネット携帯電話を生み出した日本がつくることができなかったのでしょうか。本当はつくれたはずなのです。つくりたくてもつくらせてもらえなかったというのが正しいのです。

簡単にいうとiPhoneが画期的なのは、携帯電話をつくるうえでの日本国内だけにあったローカルルールを全部無視してつくったからにほかなりません。日本の携帯電話は、ドコモやauのような携帯キャリアが決めた仕様の範囲でつくられていたのです。搭載するべき機能やユーザインターフェースやコンテンツの課金方法など、年々肥大化する仕様に合わせて開発されるのです。

そうでないと日本で携帯電話を発売するのは事実上不可能なシステムになっていたのです。これを全部無視してつくったiPhoneが画期的なのはむしろあたりまえです。

ちなみに日本の携帯電話の仕様を決めていたのは携帯キャリアなのですが、その携帯キャリアに影響力を行使できる存在が日本にはいくつかありました。

まずは行政である総務省と警察庁です。代表的な例としては、iモードの公式サイトではコミュニティサイトが事実上、禁止されていました。要するに知らないユーザ同士がコミュニケーションをとる機能や場所をつくることが許されていなかったのです。パソコンのインターネットであれば、コミュニティサイトの存在やユーザ間のコミュニケーション機能はあたりまえなのですが、日本の携帯電話のインターネットでは大きく制限されていたのです。これは援助交際などの不健全な異性間交際を防ぐためという名目なのですが、パソコンのインターネットで許されていることが携帯電話のインターネットではできないという現象が発生していたわけです。パソコンのインターネットをそのまま携帯電話でも利用できるようにするスマートフォンとしてiPhoneが世の中に発表されたとき、もちろん、こんな制限はありませんでした。

日本の携帯電話の仕様に大きな影響力を持っていた別の存在を紹介すると、音楽業界です。auが日本の音楽業界と組んで着うたで大成功を収めたことから、携帯電話のキラーコンテンツとして音楽が認知され、音楽業界の影響力が非常に大きくなりました。携帯電話の音楽機能の仕様には日本の音楽業界の意向が大きく反映されています。ひとつは強力なＤＲＭ（著作権管理技術）により、パソコンの音楽データを携帯電話の着うたのデータとしてコピーするのが禁止されたことです。

したがってユーザが携帯電話で音楽を手に入れるためには、ちゃんと購入してダウンロードするほかありませんでした。ところがiPhoneはそんな日本国内の業界的自主規制なんて知ったこっちゃありませんから、パソコンと繋げて簡単に音楽をコピーできたのです。パソコンだと違法コピーをダウンロードするのも容易だし、ＣＤをレンタルしてコピーする方法もあります。どちらにしても従来の携帯電話で購入、ダウンロードするよりもはるかに安い価格で音楽を手に入れることができるのです。

このように国内企業だけ守らなければいけないルールというのは、グローバルな競争においては大きなハンディキャップとなります。携帯電話のインターネットにおいて、国内だけのルールは、一定の期間は確かに機能しました。しかし、そのルールを守らなくていい海外からのプレイヤーの乱入によって崩壊したのです。これからは、もし、なにか新しい国内だけのルールをつくろうとするなら、国内企業だけでなく海外企業にも同じルールを適用しなければなりません。

これまで、日本だけの規制があると不利であるという話をしてきましたが、逆にいうと日本だけ規制が緩い産業があるとしたら、その部分は日本の国際競争力の源泉になる可能性があるということです。それについて、ぼくが懸念している例がひとつあります。

クールジャパンについてです。クールジャパンというとアニメやマンガなどの日本のコンテンツの競争力について注目されることが多いですが、なぜ、日本のコンテンツに魅力があるのかというと、やはり、宗教的価値観が社会へ与える影響が小さくて、しかも民主的な政治体制を持つ日本という国の特徴が、世界で最も自由な創作活動ができる環境をつくっていることが非常に大きいからです。つまりコンテンツの競争においては、タブーの少ない自由な創作活動が競争力を生み出すのです。ところが、他国ではふつうだからと、児童ポルノ禁止法の改正を機に、マンガやアニメなどにも表現の規制を導入しようという動きがあります。そんなことは、日本のコンテンツ産業が潜在的に持つ大きなアドバンテージを自ら手放すことにほかなりません。インターネット時代には、規制の少なさで国際競争を勝ち抜いていくという視点が必要ではないかと、ぼくは思います。たとえ外貨獲得までいかなくても、国内の産業を守り抜くということだけでも価値があるのではないでしょうか。

クラウド化する法人所得

ぼくが、国家が最終的にはネットに国境をつくろうとするだろうと考える最大の根拠はやはり税金の問題です。徴税権の確保というのはやはり国家としては妥協できないポイントではないかと想像するからです。

もともとグローバル企業がどこの国に税金を納めるかはインターネット登場以前から大きな問題でしたが、ネットが登場したことによって、より問題は深刻になりました。先ほど、ネットで国家がコントロールできるのは自国にいる人間あるいはサーバなどの設備だけであるという説明をしました。要するに他国にあるサーバに国家は関与できないのです。そして他国にあるサーバを利用して自国ユーザが収益をあげたとしても国家は税金を取ることができないのです。たとえばアマゾンはもはや日本最大の通販サイトですが、アマゾンが日本市場であげた売上から発生した収益について、どこまで日本政府に所得を申告して税金を払うかはアマゾンがかなりの部分をコントロールできます。アマゾンやアップル、グーグルなどはタックスヘイブンなどを活用して税金を極力少なく抑えていますから、おそらくは法人税の高い日本には、ほとんど利益を申告していないはずです。

ただ、通販の場合はまだ物があるぶんだけましです。倉庫が日本にあって日本のユーザに出荷している限りにおいては、消費税は取れるからです。電子書籍などサーバとの通信だけで取引が完結してしまうような場合は、消費税すら払う必要がありません。つまり、日本の電子書籍サイトと海外の電子書籍サイトでは、海外の会社で海外にサーバがある限りは同じ価格で電子書籍を出版社から仕入れても、消費税分だけ海外の電子書籍サイトのほうが有利になるのです。電子書籍だけでなく、音楽や映画などのデジタルコンテンツはすべてそうです。海外のサイトはすべて免税店になるようなものです。しかもこの免税店ときたら、別に飛行機で移動しなくても、ネット経由で国内のお店とまったく同じ快適さでアクセスできるのです。また、デジタルコンテンツでなく、海外のサーバで提供されるサービスも、全部、非課税になります。インターネット広告や、クラウドサービスも同様です。

この件については、海外のサーバから購入したデジタルコンテンツや、海外のサーバで提供されるサービスについても、利用者が国内にいる場合は消費税を払わなければいけないという国際的なルールについて合意ができそうです。二〇一四年四月、東京で開催された第二回ＯＥＣＤ（経済協力開発機構）消費税グローバルフォーラムでは、国境を越えた取引に対する消費税について定めたＯＥＣＤのガイドラインを支持すると、参加八六ヶ国の政府が表明しました。

しかし、そのような法整備がされたとしても、海外のサーバにしか記録がなければ、正しい売上を捕捉《ほそく》することはかなり技術的には難しいといわざるを得ません。たとえば怪しい数字を申告してきたとき、日本の税務署が海外のサーバ所在地に立ち入り検査ができるのでしょうか？　ログの提出を義務づけると同時に、従わない海外サーバへの日本からのアクセスを遮断するようなことができないと、実効性のある形で税の捕捉はできないでしょう。

また、国境をまたいだ課税の問題が発生するのは消費税だけにとどまりません。たとえば海外企業が海外のサーバで提供するサービスの売上から得られる収益には、日本の法人税はかかりません。そもそもどれぐらいの収入があるのかを把握するのは消費税よりも難しくなるでしょう。実際、アマゾンの場合は日本に法人税をほとんど支払っていないといわれています。ユーザがアマゾンのサイトで商品を購入するときは、あくまで海外企業であり海外サイトであるアマゾンとの取引であり、日本にあるアマゾンジャパンは物流などの作業を委託されているだけという設定になっているからです。そしてアマゾンジャパンはぎりぎりの原価で仕事を請け負っていて、利益はほとんど出ないように調整されているといわれています。アマゾンの場合は会社全体でも利益は出さないようにしていますので、特に日本だけ法人税を払っていないというわけではありませんが、将来的にアマゾンが大きな利益をあげるようになったとしても日本に税金を払うかどうかはアマゾンの裁量次第という構造になっているのです。

多国籍企業が、税金の安い国に付加価値の高い業務部分を切り出して移すことにより節税する手法はこれまでもありましたが、ネットが介在することでユーザからの直接の売上を海外に移すことも容易に可能になります。法人所得のクラウド化とでもいえる現象が起こるでしょう。もちろん売上データはすべて海外のクラウドサーバに存在するでしょうから、課税しようにも基本的な情報の取得すら困難になるでしょう。今後、いろいろな商取引がインターネット上に移っていきクラウド化されていくでしょうが、その過程で自動的に、日本のマーケットからの収入なのに日本が課税できないケースが増えていくでしょう。

現在は国際的な税務の専門知識を持つチームを抱えている多国籍企業でないとできない節税手法も、海外にあるクラウドサービスと組み合わせることで、だれでも簡単にできるようになるでしょう。そういったパッケージサービスを提供するビジネスが誕生するのも時間の問題に思えます。たぶん、そうしたクラウド節税サポートビジネスも、やはり海外で誕生してから日本に上陸してくるのだと思います。

当然、これらのクラウドを経由した法人所得の海外流出は、国家もなんとか防ごうとするはずです。日本居住者の海外サイトとのクレジットカードなどの決済をすべてログ化して保存と提出を義務づけたり、クラウドサービスについては免許制にするなど、いろいろな方法が考えられると思います。ただ、そのときになんらかの強制執行力がないと結局、実効性を持った施策《しさく》にはなりません。日本の法律に従わない海外サイトについては、日本からのアクセスを禁止できないと交渉が成立しないのです。最終的には日本のネットでビジネスをしたければ日本のルールに従えという条件を突きつけるしかないのです。

そのためにはネットに国境を設けて、意に沿わない海外サイトは日本からのアクセスを禁止できる、そういう権力を国家が持つことが最低条件になるのです。これは現在のインターネットの常識からはありえない暴挙に見える話ですが、インターネット時代にも国家という存在が自己保存本能を発揮するのであれば、当然の結論だと思います。

さて最後に、インターネット上に国境と国家権力による支配があったほうがいいかについて、ぼく自身の考えを明らかにしておきます。というのも、ぼくは国家がネットに国境をつくろうとするのはあたりまえだと思っていて、機会があればそういう発言もしているのですが、当然ながら、ネットでは批判されることが多いからです。先ほども書いたように国家はそうするのが当然だとは思っていますが、ぼく自身はどっちがいいかはよく分からないし、あまり興味もないというのが率直な気持ちです。いっそのこと、インターネットから国境を崩壊させて世界が統一されていく未来というのが、人類の進むべき道である、という考え方もあるだろうと思うからです。

個人的な損得勘定でいうならば、インターネットでビジネスをやる会社を経営する立場としては、国境も国家権力による支配もどちらかといえばないほうが得だろうと思います。ただし、日本国内のインターネットを日本政府が支配したいといろいろ中途半端に規制するのであれば、ちゃんと国境はつくってほしいです。なぜなら、インターネット上に国境がない状態で、国家が法律などで規制をしようとすると、国内の企業だけが守らされ、海外の企業は守らなくてもかまわないという、実質的には海外企業の保護政策みたいなものになってしまうからです。

そしてこの章で、少しだけ紹介したように、日本のＩＴ産業の歴史とはまさにそういう具合に国内の数々の可能性の芽を日本が自ら摘んできた歴史でもあるのです。

8　グローバルプラットフォームと国家

今章も前章に引き続き、ネットによって国家の機能がグローバルプラットフォームに代替されていく構造について説明したいと思います。グローバルプラットフォームに代替される国家の機能とは具体的にはどういうものでしょうか？　おおまかにいうと、「税と法律と戸籍」の三つです。課税権と統治権と個人情報の三つと言い換えてもいいでしょう。具体的にはどういうものでしょうか？

アップル税、グーグル税

アップルやグーグルなど独占している市場を持つ企業は、第三者が自分たちのユーザへサービスを提供する場合に、レベニューシェアといって売上の一定割合を配分するように要求するのが一般的です。そのレベニューシェアのことを俗語的に「××税」と税金になぞらえて揶揄《やゆ》することがIT業界ではよくあります。

税という言葉のニュアンスには、半ば強制的に支払わざるをえないということと、通常の商取引よりは高めのマージンを取られているという意味が含まれています。もちろんこのこと自体は違法でもなければ不当な取引というわけでもありません。たんに市場を独占しているプレイヤーの立場が強いので、彼らが有利な取引条件になりがちであるというだけの話です。

別に海外のグローバルプラットフォームでなくても、国内でも任天堂やソニーなどは同じです。それぞれ、自社のゲーム機向けのソフトを開発する企業からは、かなり高率のロイヤリティを取っています。プラットフォームというのはもともと、立場が強いし、そもそもプラットフォームを作成、維持するには多額の費用がかかるのだから、取引条件を有利にするのは長期的な投資の回収としてあたりまえでもあるのです。

ただし、プラットフォームはいったんでき上がると非常に強力で、プラットフォームの中では国家のような権力を持つのです。そして市場を独占しているのが海外のグローバルプラットフォームである場合、ローカルな国家にとってはいろいろやっかいな問題が発生するのです。

ひとつは前の章でも説明したように、ネット上の商取引についてはサーバのある国が課税権を持ちますから、グローバルプラットフォームの収入に対して、ほとんどの国家は課税できないのです。ただでさえ、グローバル企業ではタックスヘイブン税制などを活用して法人税自体を非常に低額に抑えるテクニックが発達しているうえに、商取引の直接的な売上が海外に立つということになると国家にとっては手の打ちようがありません。現在のところせめて消費税のような間接税についてはローカルの国家が課税できるようなルールをつくろうという動きがあり、ここらへんが落としどころになりそうですが、たとえ間接税が課税できたとしても、法人税については、このままではほぼ徴収不可能です。

グローバルプラットフォームの収入に対して課税できないということがどういうことかというと、グローバルプラットフォームが独占している市場に関連した産業が生み出す付加価値のうち、大半が海外に流出するということです。

広告やデジタルコンテンツについてプラットフォーマーが得るレベニューシェアは、売上の三〇~七〇%ぐらいが一般的です。たとえ三〇%だとしても原価があるなかで売上の三〇%ですから、たとえば原価が五〇%だとすると、利益の六割が持っていかれる計算になります。そうして海外に流出した利益については一切課税ができない可能性があるのです。つまりグローバルプラットフォームが支配する市場では産業が生み出した利益の大半が課税できない海外に吸い上げられる構造になるのです。将来的に間接税を徴収できるようになったとしても、そのときの日本の消費税は五%だか八%だか一〇%だか知りませんが、グローバルプラットフォームが得ているレベニューシェアの三〇〜七〇％と比べて小さい影響力しか持ちません。

間接税と対比される直接税についていうと、法人税については国家がグローバルプラットフォームに課税することが困難になることは説明しました。個人の所得税についても、同じような問題が発生する可能性があります。ネット経由で仕事をするクラウドソーシングという仕組みが普及した場合に、そうなる可能性があります。もちろん法律としては、ネット経由で働いて得た収入に対しても所得を申告しなければならないとすることはできます。ただ、実際に所得を捕捉するのには困難が予測されます。報酬を支払うクラウドソーシングのサーバが海外にあった場合は日本の法律に従う必要がないからです。

たとえば現在でもグーグルからアフィリエイトの収入を得ている人はたくさんいますが、グーグルが日本人に送金する場合には日本の源泉徴収はおこないません。将来的には、グーグルのような大きな会社は源泉徴収もおこなったり税務上必要な情報を日本の税務署に提供するようなことはありえますが、世界中のすべての企業で同じような協力を期待するのはなかなか難しいことに思えます（これを技術的に解決するには前の章で書いたように、ネットに国境をつくって個別サイトに対してアクセス制限をできるようにするしかありません）。

クラウドソーシングからの個人の所得については、もうひとつ問題が発生する可能性があります。それは報酬が通貨で支払われるかどうかも分からないという点です。もしビットコインのようなもので支払われた場合はどうするのか。そもそも捕捉はできるのか。また、なにかのポイントで支払われた場合はどうするのでしょう。通貨よりも兌換《だかん》性の低いポイントサービスのようなものに対しての規制は、特に海外のサーバで運営されているものだと難しいでしょう。そういうなんらかのポイントをベースに形成される経済圏のようなものが発達した場合には、はたしてどうやって課税するのか。絵空事ではありません。実際、MMOのような大人数が参加するネットゲームでは、プレイヤーにとってゲーム内の通貨の価値は非常に高くなっているのです。ネットゲームの世界がどんどん広がって、いろんなサービスを内包するようになったとしたら、といえばイメージできるでしょうか？

審査とNDA

国家の統治権とは立法権と行政権と司法権の三つで構成されるそうですが、これに相当する権力をプラットフォームは行使できます。この構造について説明します。

まず、エンドユーザであるサービスの利用者がプラットフォームがつくったルールに制約されるのは自明でしょう。グーグルのユーザは、グーグルのサービス規約はもとよりサイト設計のすみずみに至るまでグーグルの決めたルールに大きな影響を受けるのは当然です。

ここではユーザだけでなく、プラットフォームとビジネスをする企業に対しても、プラットフォームが大きな影響力を行使できる構造について説明をしたいと思います。この場合にプラットフォームの権力の源泉となるのは、プラットフォーム上でサービスを提供したいサードパーティがいた場合に、許可したサービス以外を認めないことです。

この仕組みで最初に成功したのは実は日本の会社で、任天堂です。任天堂はファミコンソフトの発売についてすべて任天堂の許可制にして、大きなロイヤリティを得ることに成功しました。プラットフォーム以外の第三者が参入可能だけれども、参入できるかどうかはプラットフォームの胸三寸で決まるという仕組みは、最初にゲーム業界で発達したのです。

任天堂のプラットフォームにおいて他社がビジネスをできるかどうかを、任天堂が恣意的に決定することは、ある意味としては当然のことなのです。ただ、ビジネスをする会社にとっては生《せい》殺《さつ》与《よ》奪《だつ》の権利を握られているわけで、いろいろと批判もありました。

ドコモのｉモードでは、よりオープンな市場形成を目指して「審査」という仕組みをつくりました。形式的な一定の条件を満たしてドコモの審査を通ればだれでもサービスを提供できるという仕組みは多数のサードパーティを呼び寄せて、ｉモードに大量のコンテンツが集まることになりました。しかも形式的な審査は残っているので、実際にはプラットフォームの影響力はそれほど損なわれず維持できるのです。鍵となるのは「審査」という仕組みです。

アップルのApp Storeにしてもアマゾンの電子書籍にしても、サードパーティがコンテンツを提供する場合にはアップルやアマゾンの規約を守り、彼らの審査を通る必要があります。この審査というのがくせものなのです。規約があって審査がない場合は、実際には規約を守っていなくてもコンテンツの提供が可能なので、プラットフォームの決めたルールの実効性は低くなります。ところが審査があることで、規約を守らないとコンテンツを提供できなくなるので、みんなプラットフォームの決めたルールを守るようになるのです。そして、審査をするもうひとつのメリットがあって、それは審査の結果が結局は人間の恣意性に左右されるようになることです。共通のルールで審査をするといっても、担当者や時と場合によって判断が変わることがあるのです。このような場合には、コンテンツを提供する側にはプラットフォームの機嫌を損ねて不利益を被らないように努力するインセンティブが働きます。これはちょっと面白い現象です。つまり審査が公明正大でなく、結果にばらつきがあるほど、プラットフォームの立場が強くなるのです。そうなるとルールとして明示化されていないことでも、プラットフォームの意向には従いやすくなります。要するになんでもいうことを聞くようになるということです。

さらにこの構造を強化する仕掛けが存在します。それは「ＮＤＡ」です。ＮＤＡとはNon-Disclosure Agreementの略で、日本語でいうと秘密保持契約です。ＮＤＡをわざわざ交わさなくても、あらゆるビジネスにまつわる契約に最近は秘密保持条項が入っていることがふつうです。

だからＮＤＡがあたりまえになってしまって、みんな気軽に締結するようになったのですが、実はＮＤＡはプラットフォームによる審査と組み合わせることで絶大な効力を発揮します。恣意的な審査をおこなっても世間にはそのことが分からなくなるので、サードパーティを支配することがより容易になるのです。公平であるという建前の審査について、プラットフォーマーの都合で判断をその都度変えても、そのことが当事者以外には、いや、当事者にすら、実態がよく分からなくなります。そして、世間に公表されていないルールについても、審査の際にサードパーティに個別に伝えることで世の中に知られずに思い通りの結果を出すことができるようになります。

しかもこれぐらい重要な結果をもたらすにもかかわらず、ＮＤＡは慣習として、もはや結ぶことがあたりまえの契約になっていて、プラットフォームはビジネスをする前の条件交渉の段階から情報開示の前提条件としてＮＤＡの締結を求めてくるのです。このプラットフォーマーのサードパーティに対する影響力の行使にＮＤＡが非常に大きな役割を果たしていることは、あまり指摘されていない点です。

ぼくの個人的な意見ですが、ある一定以上の影響力を持つプラットフォームが支配する市場については、サードパーティと交わす契約条件と審査基準をオープン化することと、個別の審査でのやりとりについてはＮＤＡの対象外とすることを、サードパーティの保護と公共の利益のために法律で義務づけるべきではないかと思います。

さて、「審査」と「NDA」により、プラットフォーマーが統治権に似た権力をサードパーティに対して行使できることを説明しました。もとより最初に説明したようにユーザに対してもプラットフォーマーは大きな権力を持っています。サーバが海外にあるグローバルプラットフォームの場合にはなにが起こるのでしょうか?

問題になるのは国家権力とグローバルプラットフォームの持つ権力との間に食い違いがあった場合です。どちらが優先されるのか、多くの場合は、なんとグローバルプラットフォームになるのです。なぜならグローバルプラットフォームが従うべき法律は、基本的にはサーバが所在する国の法律だからです。

このような形で、グローバルプラットフォームを通じて統治権も海外に流出するのです。

利用規約とプライバシーポリシー

国家が国家として成立するための大きな要素として、ひとりひとりの国民を把握していることがあげられます。太古の昔から、戸籍制度の整備は国家の最も重要な目標のひとつです。

しかし、ネット時代は国家よりもグローバルプラットフォームに個人情報が自動的に集まる仕組みになっているのです。まあ、そんなこともあるだろうと、あたりまえのことをいっているように思うかもしれませんが、この構造がいかに自然にインターネットの中に組み込まれているかを説明したいと思います。

ＩＴ業界では、ソフトウェアの利用許諾契約についてこれまで数々の新しい契約手法を発明してきました。たとえばシュリンクラップ契約と呼ばれる、ソフトが入っている箱の包装を開封したら契約が成立するという手法です。契約書は箱の中に入っているので購入時には契約内容を確認できないということでその有効性についてはいろいろな疑義もありましたが、慣行として定着した契約形態です。また、ソフトウェアをインストールするとき、または最初に実行する前に利用許諾契約書を表示して、同意するというボタンを押さないとソフトウェアの使用ができないというような形で契約を締結する手法はいまでもよく使われます。これらの手法の共通点は、ほとんどのユーザは面倒くさいので利用許諾契約書なんてちゃんと読まないという習性を利用したものであることです。

インターネット時代にも、こういうＩＴ業界の悪しき伝統はきちんと継承されています。利用規約とプライバシーポリシーです。これは主なウェブサービスのサイトの一番下とかに、たいていはサイトで使用している最も小さい文字で表示されているリンクです。たぶん、ほとんどのユーザは存在すら気づいていない場所に書かれている利用規約に同意したという前提で、ユーザはウェブサービスを利用していることになっているのです。この利用規約には、ユーザに違法なことはしてはいけないとか、サービスを利用してなにか損害があっても賠償しませんよとか、まあ、しょうがないとユーザも思うような内容が多いのですが、その中にウェブサービスがユーザの利用履歴や個人情報を収集して利用しますよ、ということも、たいていは書かれています。

利用規約というのは、ほとんどのユーザが気づかないうちに半ば強制的に同意させられたことになっています。こういう規約に個人情報の収集など多くの人が嫌悪感を持つような条項が入っていていいのかという疑問への回答が、プライバシーポリシーなのです。

利用規約の場合にはユーザが勝手に同意させられるユーザの義務で、サービス提供者側についてはなにも責任負いませんよという免責事項ばっかり書いてあります。ところがプライバシーポリシーは逆で、個人情報を使うときにはこういう制限のもとできちんと管理して使いますよと、珍しくサービス提供者側の義務として一方的な約束が羅列されているのです。このプライバシーポリシーを一方的に宣言するという〝発明〟によって、ウェブサービスが個人情報を収集することがなし崩し的に一般化したのです。つまり、そうまでしてウェブサービスは個人情報が欲しかったということです。

プライバシーポリシーには、ユーザの事前の同意なしに個人情報をサービス提供者以外の第三者には渡さない、といった内容の条項がほぼ必ず書かれています。事前の同意ということは、要するに利用規約に書いてありますよ、みたいなことでなく、ちゃんとユーザに同意する・しないボタンを表示するなどして確認をとるということです。これは非常に真っ当に見えます。実際にこの部分については真っ当だといっていいでしょう。ところが自分が情報を収集する場合には、利用規約に書いてあるだけで事前の確認なんてとっていないわけです。いわば自分は個人情報を勝手に集めるけど、他の人に集めた個人情報を渡すことはやりません、といっているにすぎないわけです。つまりいまのネット業界は集めた個人情報は自分のためにだけ使いますからという免罪符のもとに、事前の承認なく個人情報を集めていいというルールが一般的な商慣行として成立しているのです。

このあたりぐらいまでなら、みんななんとなくそうだろうなと想像している範囲内だと思いますが、この事前の同意を得ない個人情報の収集は、アドネットワークなどの広告用のタグがウェブページに埋め込まれているだけでも実行されることはご存知でしょうか？　たとえばニュースサイトを見ているときにGoogle AdSenseの広告が貼ってあった場合は、ユーザから見るとニュースサイトを利用しているだけのつもりなのにグーグルに情報が送信されるということです。グーグル以外のいろんな会社の埋め込みタグやJavaScriptなどがある場合も同様なのです。ニュースサイトのウェブページに、そういう会社に個人情報を送信するプログラムが埋め込まれているということです。でもニュースサイト自身が個人情報をそういう会社に送信しているわけではないので事前の同意は必要ない。それでもかまわないということになっているのが、いまのインターネットでの一般的なルールなのです。

　このあたりはユーザのリテラシーが必ずしも高くないために、プライバシーを守るための議論が空回りしている状況にあるとぼくは考えています。みんな分かりやすいところに規制を求めるのです。いまのところプライバシーを巡る議論は、ネット企業側が思い通りに進めている状況です。今後の展開ですが、プライバシーを要求するネットユーザの声をうまく利用して、個人情報を抱えているプラットフォーム側は第三者への個人情報の提供を拒み、自分たちで個人情報を寡占するという流れになることでしょう。自力で個人情報を集められないプレイヤーは弱い立場となり、巨大プラットフォームの支配下でコンテンツを提供することになります。

　さて、そうやって集められた個人情報ですが、これも例のごとくサーバが所在する場所の法律に従うことになります。現在でもISP（インターネットサービスプロバイダ）などのアクセスログはサイバー犯罪条約により三ヶ月の保存が義務づけられています。犯罪捜査のためであれば、個人情報は検閲の対象になりえます。国家によっては常時検閲の対象にする可能性もあるでしょう。そうなると自国よりもサーバがある他国のほうが自国の国民の個人情報を把握しているという事態が起こりうるわけです。

　それともうひとつ。国家による検閲は多くの人がアレルギーを持つわけですが、サーバが所在する国家以上に、最も個人情報を正確にリアルタイムに把握できて自由に利用できるのはグローバルプラットフォーム自身であるということも認識する必要があるでしょう。

治外法権とグローバルプラットフォームの荘園化

ネット上のグローバルプラットフォームは、彼らが支配している市場においては国家を上回る影響力を持ちます。また、サーバの所在地さえ異なれば、ときに国家の法律よりも、グローバルプラットフォームのルールのほうが優先されます。さらに彼らは、国家よりもユーザの個人情報を持ち、収入に対してはなかなか課税されません。これはネットにおける一種の治外法権といってもいいでしょう。もともと、グローバル企業というのはそれに似た性質を持っていたわけですが、それがインターネットと組み合わさることによって、本当に治外法権に似た状態が成立しています。

税金も含めて国家から規制をあまり受けないという競争上の利点もあるため、ほうっておくと長期的に治外法権の領域は世界的に次第に範囲を拡大していくことでしょう。

歴史を振り返ると、この状態は平安時代の荘園制に近いのではないかと思います。これは朝廷が貴族たちに、開墾した土地の私有を認めた制度で、藤原氏をはじめとする有力貴族たちは私有地を拡大して力をつけ、政治の実権を握るようになっていきました。

荘園制とグローバルプラットフォームは、本来は国家の権力基盤を揺るがす存在である一方で、国家を構成する有力メンバーでもあるので、深刻な対立関係にならないで並立するであろうところも似ています。国家の租税を逃れるために自ら田畑を荘園に寄進する人たちが現れたように、グローバルプラットフォームの経済圏に組み込まれると税負担が安くなるというモデルも将来出現する可能性があるように思います。

インターネットの登場により、やがて国家の存在は意味を失い国境はなくなる、という予想を希望論的に語る人がいます。でも、その過程では弱体化する国家と荘園化したグローバルプラットフォームが並立している状態が出現するでしょう。それはおそらくは混乱した世の中です。国家と荘園の権力の二重構造は戦乱の末、いずれは世界政府でもできて世界は統一されて、解消するのかもしれません。そしてそれはひとつの理想郷となるのかもしれません。ただ、そうなるまでの道のりは決して平坦なものではないし、社会的な混乱の中をぼくらは生きなければならないだろうと思うのです。

9　機械が棲むネット

いずれ機械が人間に取って代わるというのは、SF小説や映画ではおなじみのテーマとなっています。人間と似たような形をしたロボットや地球全部をコントロールする巨大コンピュータが突然、人間に反乱を企てるというのは、現代では想像力が貧困すぎてリアリティがありませんが、しかし、いつのまにか人間は現実社会の中でもネット社会の中でも機械に囲まれて暮らすようになりました。

いまのところ機械には人間のように野心はありませんから、人間に取って代わろうと反乱を起こすことはありません。ただ、世の中全体の中に占める機械の割合と人間の割合をみると、次第に機械のほうが大きくなっているのは事実でしょう。ましてやコンピュータという人間の脳に似た機能を持つ機械まで登場しているわけです。たとえ反乱はなくても、このまま機械に対して人間の果たす割合がどんどん減っていったときになにが起こるのか、漠然とした不安を現代人は持っているのではないでしょうか。

先日、人間と機械の今後の関係を示唆する、ちょうどいい話を聞きました。ハーディングマシンという機械をご存じでしょうか？　イギリスのハーディング教授が開発した機械です。これは「光過敏性発作を起こす恐れのある映像」を調べるハーディングチェックのための機械で、いわゆる「ポケモンショック」と呼ばれる事件後にテレビ局が導入しました。

「ポケモンショック」とは一九九七年にテレビアニメ『ポケットモンスター』を見ていた子どもたちの一部が発作を起こして病院に搬送されて社会的に大問題となった事件ですが、ハーディングマシンは、このような光過敏性発作を引き起こす可能性のある激しい光の点滅が映像の中に含まれていないかどうかを調べる機械なのです。

そして、現在、テレビでアニメを放映するためには必ずハーディングチェックをして問題ないかを調べる必要があるそうです。

まあ、問題が起こったので再発防止のためのルールを決めましたということで、よくある話です。でも、再発防止のためのルールとして機械を使ったことにより、ちょっと話がおかしくなっているのだそうです。

たとえば過去に放送された名作アニメで、特に発作を起こした子どもたちがいたなんて事例が報告されていない作品なのに、ハーディングチェックでひっかかると放送できなくなったそうなのです。本来守ろうとしている子どもたちが大丈夫なのに、ハーディングマシンが大丈夫じゃないので放送できないのです。

そうなるとアニメを制作する側も子どもたちが光過敏性発作を起こさないように映像をつくるのではなく、ハーディングマシンという機械でエラーが検出されないように映像をつくるようになったのだそうです。

ハーディングチェックに合格しないと、テレビ局は納品を受け付けてくれませんから、制作会社はハーディングチェックに引っかからないように、問題になりそうな箇所の映像を加工するノウハウを発達させたのだそうです。

ポケモンショック以降、大勢の子どもたちが光過敏性発作を起こすような映像を放送したという〝事故〟は報告されていません。その一方でハーディングチェックをすると通らない映像を放送してしまったという〝事故〟はいくつもあるそうで、いずれもテレビ局の内部では大問題になったのだそうです。

人間ではなく機械の反応を窺う時代がすでに来ているのです。人間と機械が共存する世界で、今後、ますます発生するだろう典型的な出来事ではないでしょうか。

この章ではネットの世界での人間と機械との共存関係について説明します。

機械が会話するインターネット

インターネットで通信しているのは、もはや人間ではなく機械のほうが多い、というと意外に思われるでしょうか。

二〇一二年九月時点の総務省の調査によると、国内で流通する電子メールのうちスパムメール（迷惑メール）の総数は一日あたり一二億通以上となり、割合にして全体のメールの七一・七％を占めるということです。世の中のメールの三分の二以上がスパムメールだということです。スパムメールは手当たり次第に機械が自動的に送りつけていますから、すでにスパムメールだけ考えてみても、インターネットでメールを送っているのは機械のほうが多いということになります。

スパムメールじゃない残りの三分の一についても大半は宣伝メールでしょうから、おそらく人間が自分で送っているメールは全体のメールの一割にも満たないと思われます。人間がメールを送るよりも機械が自動でメールを送るほうが圧倒的に速いですから、ある意味では当然の結果といえます。

ただ、スパムメールといっても、文章はほとんど人間が書いていると思われますから、送信を機械が代行しているだけで、機械が通信しているというのは言い過ぎだと思う人もいるかもしれません。

しかし、次に紹介するスパムブログ（迷惑ブログ）の場合には、文章まで機械で自動生成するのです。ブログというとインターネット上で書く日記のようなものですが、このブログに広告を貼るといくばくかの収入が得られるため、中身のない日記を大量につくる人たちが現れたのです。スパムブログと呼ばれるこういう日記は、他人の記事をそのままコピペしたり、ニュース記事をタイトルとリンクだけコピペして貼り付けるだけなど、手間をほとんどかけないでつくられているのが特徴です。

インターネットでなにかのキーワードを検索したとき、検索結果の上位のリンクをクリックすると、なにを書いているのか、よく意味が分からないブログに飛ばされたという経験をお持ちの方も多いのではないでしょうか？　それがスパムブログです。総務省による二〇〇九年の「ブログの実態に関する調査研究」によると、二〇〇八年一月の目視によるサンプリング調査では全体の一二％がスパムブログであり、主要二〇ブログサイトにアップロードされた記事数だけでみると、スパムブログの割合は三二・二％に達するということが書かれています。スパムブログは日記の内容はある意味どうでもいいので、書く作業が単純でパターン化できます。だから、機械で大量に自動生成する人たちも現れたのです。

さて、スパムメール、スパムブログみたいなものが、なぜ出現したのかというと、儲かるからです。この構造について少し解説をしましょう。スパムメールにせよスパムブログにせよ、儲ける手段はなにかを宣伝することです。なにを宣伝するかについては、ほぼ以下の三つのどれかになります。

① ポルノ、売春、ドラッグ、コピーソフトなどの違法性の高い商材の販売。
② その他の詐欺。例：賞金があたったので振り込みたい、など。
③ アフィリエイト広告の表示。

メールについては右記とは別に、ふつうのまともな会社からも宣伝メールがたくさん送られてきていることと思います。多くのユーザはそんな宣伝メールもスパムメールと同じだと思っていることでしょうが、ここでは分けて考えることとします。なぜなら、ほとんどの宣伝メールはまがりなりにもユーザの許可を得て、メールを送っているからです。

たとえば悪名高い、楽天からのメールの場合でも注文の入力フォームの下部に小さくある、楽天などからのさまざまな種類のメールを送ってもかまわない、という文章の頭についているチェックボックスのチェックを消すことを、商品を購入するたびに毎回忘れなければ（一回でも忘れるとアウト）宣伝メールはまったく送られてきません。一応、形式的にはユーザの許諾をとっているという形になっているのです。

また、送られてきているメールを今後は受け取らないように設定することも可能です。そんなのあたりまえだと思うかもしれませんが、スパムメールの多くは、今後送られてこないようにするという設定画面へのリンクが記入されていても、嘘なので絶対にリンクをクリックしてはいけません。むしろ騙しやすそうなカモだと思われて、さらにたくさんの宣伝メールが届くでしょう。

①、②を見れば分かるように、スパムメールもスパムブログもユーザにとってみたら迷惑な存在なので、そこにまともな会社が宣伝を載せるわけがないのです。①の違法性の高い商材の販売にしても、実際にはお金だけ振り込ませてなにもしない、つまり詐欺である場合が多いですから、要するにスパムメールでもスパムブログでも宣伝していることは基本は詐欺であり、騙そうとしていると思ってもいいでしょう。

③のアフィリエイト広告については少し説明が必要でしょう。アフィリエイト広告とは要するにパック化されたバナー広告のことだと思えばいいでしょう。

ヤフーのような大きなサイトはヤフーにバナー広告を出稿したいというように広告主自体に思ってもらえますが、小さいサイトだとそうはいきません。広告主がわざわざ小さいサイトを指名して出稿する可能性なんてまずありませんし、そもそも広告商品として成立するほどサイトのトラフィックがなかったりします。

そういう小さいサイトはアフィリエイトプログラムというのに参加することでまとめて販売されるのです。そうすると広告主側はヤフーなどにバナー広告を出稿するよりは、はるかに安い値段で広告ができますし、広告出稿側も規模が小さかったり、ちょっと広告主がつかないような怪しいサイトでも広告収入を得ることができるようになっています。

もちろんアフィリエイトプログラム側もできるだけイメージを高めたいところは、質の低い怪しいサイトは排除しようとしますが、アフィリエイトプログラムにもたくさん種類がありますから、そういうスパムサイトにも広告バナーを出稿するアフィリエイトプログラムもあるわけです。

もちろんスパムサイトに間違って飛ばされたユーザが、そこに広告バナーが貼ってあるからといってクリックする確率は低いわけですが、広告バナーが貼ってあって一定量の表示がされている以上、多少は広告収入が発生するのです。そういうサイトを機械的に大量生産できれば、原価はほとんどかかりませんから、塵《ちり》も積もればのたとえ通りに儲かる仕組みがつくれるのです。

結局、スパムメール、スパムブログがなかなかなくならないのは、詐欺を働くにせよ、アフィリエイト広告にせよ、先のように儲かる手段があるからです。そして、スパムメール、スパムブログをつくるコストは、いったんプログラムを組んでしまえばほとんどタダ同然で、お金がかからないことが重要なポイントです。たとえスパムメールを一〇〇万通送って騙される人がひとりしかいなくても、原価がタダだから、一億通送れば一〇〇人は騙せて元がとれる。それがスパムメールを成り立たせている理屈なのです。こうしてインターネットには機械が量産したゴミ情報が溢れかえる、そういう構造になっているのです。

機械が人間に勝つネット

スパムメールやスパムブログには、ほとんどの人間から見たら価値のない馬鹿らしい文章が書いてあります。ほとんどの人は騙されなくても一〇〇万人にひとりでも騙されれば得をする、そういう理屈を利用して成り立っているシステムです。

したがって機械といっても、力業がすごいだけで、人間よりも機械のほうが能力が高くて優れているとはなかなか思いにくいです。ところが、一般に優れた能力を持つ人がやるとされている知的な仕事でも、すでに人間よりも機械のほうが優れている、そんな世界もあります。

株式取引の世界では、コンピュータが自動的に売買を繰り返して儲けるアルゴリズム取引が非常に盛んにおこなわれています。アルゴリズム取引の中でもわずかな価格変動を利用して超高速に売買を繰り返して儲ける high frequency trading（HFT）は取引高が大きく、米国の TABB Group（金融関連の調査会社）が二〇〇九年に発表したレポートによると、米国の株取引におけるHFTの割合は七〇%にのぼるそうです。人間がやる取引よりも多いのです。

こういうコンピュータを使ったアルゴリズム取引の利点は、いま売買すべきという判断と実際に取引を実行する速度が人間に比べて桁外《けたはず》れに速いことです。さらにこれも人間にはできないことですが、市場のすべての動きを同時に監視できることです。

また、数理モデルを使った分析では、人間がちょっと直感だけでは答えが出せないケースでも、正確に計算をして理論的に売買すべきかどうかを判断することが可能です。これらの特徴はダイレクトに株式取引での利益に直結しますから、やればやるほど儲かるということで、スパムメールと同じように、アルゴリズム取引の量は人間がおこなう取引よりも膨れあがる結果となったのです。

別の例をあげると、RTB(リアルタイム入札)という広告のオークション取引があります。

グーグルがインターネット広告で覇権を握る決定打となったのは、Google AdWordsと呼ばれる検索キーワードに対する広告を、定価を決めずにオークションで入札する仕組みを成功させたことです。

インターネットの検索サイトで「生命保険」というキーワードを入力している人は、生命保険に加入しようとしている確率が高いでしょう。だとすると、生命保険会社にとっては「生命保険」というキーワードで検索している人に自分の生命保険の広告を表示するのは非常に効率が高いのです。だから、生命保険会社にとって「生命保険」というキーワードは人気が高くて奪い合いになります。ここではオークションで入札する仕組みをとっていることがポイントで、競争が激化すると限界まで広告料金が上昇することになります。限界はどこかというと、広告を打って、儲かるぎりぎりまでということになります。ひとりの顧客を得られると一万円儲かるのであれば、一万円までは広告費用に使っても元が取れる、そういう計算になるのです。

グーグルのような広告媒体側にとって広告料金を入札制度にする利点は、広告主同士の競争が一定以上激しくなると、ある商売が広告によって得られる利益のほとんどを広告費として奪うことができるという点にあります。さらに激化した場合はシェア獲得の手段として、割り切って逆ざや覚悟で高い広告費を支払う広告主が出現することもしばしばです。

話を戻すと、この広告のオークション取引を機械にやらせてしまおうというのがＲＴＢなのです。先ほど広告を入札にした場合にはその商売で得られる利益の限界まで広告料金があがっていくという話をしました。このどこまで広告料金があがってもかまわないかを機械に計算させようというのがＲＴＢの考え方です。

これはインターネット広告の発達にともなって、ひとりひとりのユーザの属性に合わせた広告も表示できるようになったから生まれたものなのです。ひとりひとりのユーザに合わせて表示するということは、より広告効果を高められるということです。そして広告効果の高さに見合う広告収入を得るためには、やっぱり入札制にしたほうがいいわけです。

ところが、ひとりひとりに合わせた広告を表示するためには、オークションもひとりひとり一回表示するごとにおこなわなければいけないのです。応答速度的にもコスト的にも、人間では不可能です。ＲＴＢとは広告のオークションに機械が自動的に入札する仕組みなのです。

市場で取引をして利益をあげる、人間の中でも最も頭のいい人たちが切磋《せっさ》琢磨《たくま》している世界では、すでに人間を超えるプレイヤーとして機械が幅を利かせはじめているのです。

人間が機械に合わせる世界

ＰＶという単位を聞いたことがあるでしょうか？　これは第3章で述べたように、ウェブページなどが何回、閲覧されたかを計る指標です。あるウェブページが一〇〇ＰＶだったとすると、一〇〇回表示されたということです。

ネット業界では自分のネットサービスがいかに人気があるのかを示すのに、ＰＶの数字の多さで示すことがよくあります。月間一〇〇万ＰＶというと、そのサイトが一ヶ月間に一〇〇万ページも表示されたということです。一見すると一〇〇万人見たような錯覚を覚えますが、実際にはひとり平均一〇ページを閲覧しているとすると一〇万人ですし、ひとり平均一〇ページで一ヶ月間毎日見ていたとすると、さらに三〇分の一になって三三三三人しか見ていないことになります。

つまりひとりで何回も何ページも見るとPVの数字はどんどん膨れあがっていくのです。だから、本当はPVの数字で異なるサイトを比較するのはあまり意味がないのです。もっとリアルな人数に近い数字をつくったほうがいいと思うのですけれども、ネット業界では景気がいい数字のほうが好まれるので、あんまり定量的な比較には役に立ちそうもないPVという指標がいまでもよく使われています。

というわけで、ひとりで何回も見て水増しされているPVですが、PVの数字を水増しするのは人間だけではありません。これも第3章で説明したボットと呼ばれる機械が閲覧してもPVの数字は増えるのです。

ブログで日記などを書くと分かりますが、どんなに無名な人がどんなにつまらない日記を書いても、ログを調べると、何人かは必ず、その日記を見たことになっています。そのうちの何カウントかはまず自分自身が見たことによって増えた数字です。残りはたまたまだれかが間違えてこんなつまらない日記を見ちゃったのだろうとみんな想像するのですが、たぶんそれは間違いで、実際はだれも見ていません。

増えた残りの数字は人間ではなくボットと呼ばれる機械が自動的に巡回してきたからでしょう。ボットというのはグーグルやヤフーのような検索エンジンのほか、RSSリーダーのような自動更新チェックプログラムに由来するものなど、さまざまな種類がネットを巡回しています。実はいろいろなウェブページのPVに占めるこうしたボットの割合は、結構、馬鹿にならないのです。

本来は月間××万PVなどといって宣伝するのであれば、ボットによるPVはカウントしないのが正しいと思うのですが、まあ、減らしたところで自分のウェブページが景気の悪い数字になるだけなので、みんなそのままの数字で宣伝するのです。これはネット業界の悪い慣習のひとつです。

さて、ウェブページを閲覧するのは人間だけでなくボットという機械もあるということはお分かりいただけたと思います。でもウェブページを実際に使うのは人間で、ボットはなにかの調査のために巡回しているだけですから、本来重要なのは人間のアクセスだけのはずです。だから、ウェブページをつくるときには人間が見やすいデザインにすることが大切です……。そのはずです……。

ところが驚いたことに、現実はそうでもないのです。いま、ネット業界でネットサービスのマーケティングの責任者が、まず第一に重視するのは人間ではなく、ボットのほうなのです。人間がネットサービスのウェブページを見たときにどう思うかではなく、ボットがそのウェブページを見たときにどう思うか、そちらのほうが重要だということになっているのです。そして、ボットといっても全部のボットではありません。重要なのは検索エンジンのボット、それもグーグルのボットなのです。

グーグルのような検索エンジンのボットに合わせてウェブページを最適化することをSEO（検索エンジン最適化）といいます。

SEOとは検索エンジンが優先的にウェブページを表示してくれるように努力することをいいます。検索エンジンはなにかのキーワードで検索されたときに、そのキーワードが含まれている世界のすべてのウェブページの中から独自のアルゴリズムで優先順位をつけて表示します。

検索結果の上位に表示されるとそれだけ多くの人にクリックされて訪問者が増えます。しかも検索によって訪問者が増えても広告料を支払う必要はありませんので、検索エンジンの検索結果で上位に表示されることは非常に得なのです。

そこで検索エンジンのアルゴリズムを解析して、できるだけ検索結果が上位に表示されるようにするテクニックが発達したのです。ですから人間が見てとてもインパクトのあるウェブページのデザインを思いついたとしても、SEO的に不利である（検索エンジンのボットに受けが悪い）と判断されると却下される、そういう現象が起こっているのです。

SEOとはグーグルなどの検索エンジンのボット、つまり機械に気に入ってもらうためのマーケティングなのです。

この章の冒頭で紹介したハーディングマシンの例でも、人間が機械に気に入られるように努力していました。SEOも同じように、ネットで機械に気に入られるように人間が努力をしています。機械が社会の構成要素として占める割合が大きくなると人間が機械に合わせる、そういう現象が起こるのはあたりまえのことでしょう。

人間と機械の共存する未来

さて、人間と機械の関係はこれからどうなるのでしょうか？　一本道に機械が増えていく、そんな単純な未来でもなさそうです。この章で紹介したスパムメール、スパムブログ、ＨＦＴですが、実は最近になっていずれも減少しているという報告があります。なぜ、減少しているのでしょうか？　日本でも社会問題化して、国家ぐるみで取り組んだスパムメール対策などの効果があったからでしょうか？　もちろんそれはそれで影響が大きかったとは思いますが、本質的な理由は違います。儲からなくなったからです。

スパムメールを増やせば増やすほど、みんな学習してしまい騙される人はどんどん減っていき、メールフィルタなどの対抗手段も増えてきて、儲からなくなってきたのです。儲かっていれば、スパムメール側もいろいろ抜け道とか新しい方法を考えて、いたちごっこになるのですが、儲からなくなったのでそういう努力をするのをやめたのです。

ＨＦＴも同じで、ＨＦＴが増えれば増えるほど、株式相場の価格変動が小さくなってきて、だんだんと儲からなくなってきたのです。

ちょうど生態系で、ある生物が増えすぎたためエサが足らなくなって、数が減ってしまった、という話に似ています。そしてエサというのは要するにお金儲けのことですから、お金という仕組みをつくりだした人間社会の中の出来事でもあります。

このことを整理して考えると、人間社会という生物の体内に、お金をエネルギー源にして増殖する機械という寄生虫が出現したというふうに考えることもできます。寄生虫といってもスパムメールやスパムブログは明らかに害虫ですが、ＨＦＴなどは株式相場の価格安定に役立つ作用もありますから、益虫とまではいえなくても人間社会とうまく共生している存在であるといえるでしょう。

そして人間社会という生物を構成する細胞はこれまでは人間ばっかりだったわけですが、グーグルの検索エンジンのように機械からなる人工臓器も増えてきたという比喩《ひゆ》が分かりやすいのではないでしょうか。

さて、そういう感じで寄生虫やら人工臓器みたいな〝機械〟と共存している細胞であるところの〝人間〟にとって、未来の人間社会はどのようなものになるのでしょうか。

まず、今後、ますます機械の存在は大きくなったとしても、とりあえずは機械の反乱に人間が怯える必要はないでしょう。しかしながら、機械が人間の奴隷となってなんでもやってくれるようになると思うのも、ちょっと甘い考えです。今回、説明したように機械がはびこる世界では、おそらく人間が機械に合わせないと生活できないようになるのです。

いや、機械が進歩すれば、逆に機械が人間に合わせてくれるようになるはずだ、そう主張する人もいるかもしれません。それについては、ぼくはソフトウェア技術者のはしくれとして反論しましょう。

今回、機械という言い方に統一しましたが、人間と未来に共存する機械とは要するにコンピュータプログラムというソフトウェアを中心にしたシステムのことです。そのシステムがもし個人を対象としたパーソナルなものであれば、人間に合わせて進化していくでしょう。でも、社会全体を対象としたパブリックなものであれば、そういうものは非常に変更が難しいものになります。

コンピュータプログラムとはそういうものです。たくさんの人が利用するシステム、影響範囲が大きいシステム、なんどもバージョンアップされたシステム、そういうものは些細《ささい》な変更ですら非常に大変になるのです。

パーソナルな機械は人間に合わせてくれる、でもパブリックな機械には人間が合わせるようになる、そういう未来がくるに違いありません。

10　電子書籍の未来

いずれ紙の本はなくなり、すべて電子書籍になるという話はよく聞きますが、本当でしょうか？　電子書籍の時代になるとしたら、いつごろでしょうか？　また、電子書籍の時代に変わる過程でいったいなにが起こるのでしょうか？　そんな話がこの章のテーマです。

結論から先にいうと、紙の本が電子書籍に置き換えられるのは避けられない未来だというのがぼくの見方です。理由はいくつかありますが、以下の四つが決定的です。

- 電子書籍のデバイス（iPad や Kindle）はほとんどの本よりも薄く、重さも雑誌やハードカバーの本などの一冊と同程度、もしくは軽い。すでに携帯性において本よりも優れている。
- 右記にもかかわらず、複数の本を内蔵できるため、いくら本が増えても重さも大きさも増えない。複数の本を所有する場合は圧倒的に電子書籍が省スペースであり、持ち運びも便利。

・文字が電子化されている。これによる利点はいろいろ考えられるが、簡単な例を挙げると文字列の検索が可能。
・紙代、印刷コスト、物流コストがほぼ無料であるため、価格を安くできる。

これらの四つは将来的な話ではもはやなくて、現時点で実現されていることであり、長期的に見て紙の本が電子書籍に駆逐される流れは避けられません。ですが、現在は、まだまだ紙の本が主流であるのもまた事実です。

逆に電子書籍の普及が遅れている要因についても、挙げてみましょう。

・すべての本が電子書籍にはなっていない。特に過去に出版された本は、ほとんどが電子書籍化されていない。
・多くの出版社は原価の安さにかかわらず、紙の本と電子書籍を同じ定価に設定しているため、価格優位性が発揮されない(ただし二〇一五年五月現在では電子書籍のほうが安い場合が多い)。
・電子書籍のデバイスは充電が必要。
・多くの読者は紙で文字を読むのに慣れている。
・電子書籍は紙の本のような存在感がない。

これらの理由は、いずれも長期的には解決される問題です。まず、新刊本については、今後は電子書籍と紙の本を両方出さないと売上が下がってしまう状況になりますから、ほとんどが電子書籍化されるようになります。むしろ、紙の本を出版するよりも電子出版のほうがコストが安く抑えられるので、今後は電子書籍だけで出版されることのほうが増える可能性が高いです。

また、過去の本についても重版するにはある程度まとまった部数が必要ですが、電子書籍であれば一冊でもデータをコピーするだけですから、品切れにも絶版にもなりにくい。つまりラインナップは電子書籍のほうが将来的には充実するでしょう。また、価格優位性についても、電子書籍のプラットフォームはアマゾンの存在が圧倒的ですから、数の多い出版社側とプラットフォームとの力関係は圧倒的にプラットフォームが有利であり、やがて紙の本のほうが売値が高くなるのがあたりまえという時代が来るのは避けられません。充電の問題も数日間は充電しなくても大丈夫ですから、これぐらいでは大きな問題にはなりません。

残りのふたつの理由だけが解決が難しい問題です。ひとつは読者の慣れの問題です。紙のほうが慣れているというわけです。これはなかなか時間がかかるし、解決はされないかもしれない問題です。まあ、ですが、たとえいまいる紙の本の読者の多数が電子書籍に背を向けたとしても、最終的にはそういう紙に慣れた世代が歳を取り、若者と世代交代することによって、この問題も解消されるでしょう。

最後のひとつは電子書籍に存在感がないということですが、そもそも電子書籍は物理的実在がないからあたりまえの話です。電子書籍の軽くて持ち運びや保存に便利という利点と裏表の関係ですから、これは解決は難しい。ただ、このことも将来的には技術革新により、むしろ電子書籍のほうが紙の本よりも存在感を人間にアピールしてくるような未来が来るのは間違いありません。これについては後述しますが、未来において電子本棚の実現により解消されるというのが、ぼくの予想です。

いずれにせよ、電子書籍のほうが圧倒的に便利であり、将来的にはますます便利になり、現在は紙の本が優位な点についても、いずれ電子書籍のメリットに変わっていくのです。おそらくは〝慣れ〟の問題以外のほとんどすべてです。ですから、紙の本は次第に消えていき、電子書籍にとって代わられるのは時間の問題であるといわざるをえません。紙の本の利点が要するに〝慣れ〟の問題だけということなら、最大でも世代が交代するまでの期間しか、紙の本が主流である文化は続かないということなのです。

ですから次の疑問は、電子書籍が主流になる未来とはどういうものなのか、そして紙から電子へ移行する期間になにが起こるのかということになります。

未来の電子書籍

現在の電子書籍は、活字のデータをそのままテキストデータとして電子化しただけの単純なものです。すでに現段階でも十分に紙の本を置換するメリットは持っていると思いますが、電子書籍という媒体が持つ潜在的な可能性はこんなものではありません。電子書籍が今後どのような方向に進化する可能性があるかを列挙してみましょう。

①　テキストや画像だけでなく、音声や動画などのいろいろなデータを取り込んでマルチメディアの電子パッケージ媒体になっていく。
②　自動的に内容が更新、追加されるようになる。
③　検索、引用、メモ、読書記録の自動保存など、読書体験の進化。
④　他人と読書体験を共有できるようになる（ソーシャルリーディング）。
⑤　本の非局在化。自分の持っている本は、ネットワークにつながっていれば、どこでもさまざまなデバイスで読めるようになる。

順番に説明していきます。①は容易に想像できると思います。ＥＰＵＢというウェブで使われているＨＴＭＬと親和性の高い規格をつくったわけですから、かなり最初の段階から想像されている未来でしょう。逆に、なぜ世の中にある電子書籍が従来の紙の書籍のたんなるコピーにすぎないようなものばかりなのかが不思議です。これは基本的にはコンテンツの制作コストの問題で、すでに巨大な出版産業で毎年自動的に出版されつづける書籍をたんに電子化するだけのほうがコストが安く、わざわざ小さなマーケットである電子書籍向けに専用コンテンツをつくる理由があまりないからでしょう。おそらくは電子書籍のマーケットが主流になっていくにつれ、紙の書籍から離れて電子書籍ならではの機能を使った、本格的な電子書籍が出てくるようになると思われます。

②の自動更新機能は、今後、重要になってくるでしょう。電子書籍はＤＲＭとしても、クラウド側でどのユーザがどの本を買ったのかを管理する必要があります。そうでないと新しいiPadやKindleに買い換えたときに、購入した本を移動できないからです。そのときにはクラウドから本のデータを再ダウンロードするわけですが、この仕組みを考えると、動的に内容が変わる電子書籍というのが、容易に実現できることが分かります。いままでも初刷本と第二刷以降の本とでは誤植が直っていたり、内容も訂正されたりするケースがありますが、電子書籍であれば発売したあとでもユーザの手元にある本の内容を変更することが技術的には可能です。このことをうまく利用すると、本を完成しないまま出版することもあり得るでしょう。最終章だけ完成していな

い状態で発売して、しばらくしてから最終章を追加するといったこともできるようになるでしょう。

現在、ユーザの手元にある書籍を自動的に変更する機能は一般的ではないですが、すでにアプリであれば自動的なバージョンアップもおこなわれています。書籍のプロモーションなど、マーケティング的にもいろいろ活用できそうですから、おそらく将来的に電子書籍は出版後に内容を訂正、変更、追加することがあたりまえになると思います。

③にあるように本が電子化することによって、読書を手助けするような機能がいろいろ考えられます。すでに実現されているものでいえば、本の中に出てくる単語を検索できることが大きいでしょう。自分が必要な情報が本のどこに書かれているのかを調べるのには大変重要な機能です。また、本を読むときにメモを書き込んだり、赤線を引っ張ったりする人は多いですが、電子書籍であれば本を傷めずにそういうメモを書き込むことが可能です。消したり修正したりするのも思いのままです。

また、メモを経由して、本の別の段落へのハイパーリンクをつけたりする機能も便利そうです。なんなら、別の本のどこかにリンクさせてもいいでしょう。また、自分でつけなくても、筆者自身が参考文献として巻末にあげた資料に直接ジャンプができるようなリンクをつける時代がいずれくるでしょう。おそらく自分が持っている本であればそのまま読むことができて、持っていない本であれば購入画面が表示されるのでしょう。紙の本に対する慣れ親しみといった要素をのぞけば、電子書籍での読書体験のほうがますます便利で優れたものになっていくことは明白です。

③のように紙よりも電子のほうが読書体験は進化していくのですが、④にあるように読書体験を他人と共有できるのも電子書籍の大きな利点になります。ソーシャルリーディングとも呼ばれるこういう機能は、決定的にこれが便利だというインターフェースは実現されておらず、まだまだ試行錯誤の段階です。注釈の共有もたんに寄せ集めただけではよく分からなくて、あまり有用なものにならず、アンダーラインを共有してもアンダーラインばっかりになってしまうし、ちょっと違うのかなと思います。

個人的には、既読管理の共有ぐらいから使われるようになるんじゃないかと思っています。本のどこまで読んだのかだけを共有するイメージです。現在の電子書籍リーダーでは、どこまで読んだかを現在ページと総ページ数の比率だけで管理しているケースがほとんどですが、これをページごとに管理するようになるんじゃないかというのが、ぼくの予想です。どのページがどのくらいの時間、みんなに読まれているかだけを共有するぐらいがスタートじゃないかと思うのです。

最後の⑤ですが、本の非局在化と難しくいっていますが、これからの電子書籍とは、全部、クラウドで書籍を管理する仕組みですので、ユーザの持っている本が本当に保存されているのはインターネット上のサーバーのどこかになります。

そこにある本のデータが一時的にiPadやKindleのようなデバイスにコピーされているにすぎないということです。そう考えると、逆にユーザの持っている本はデバイスをまたいでどこにでも存在できるということです。最初のほうに電子書籍が紙に勝てない最後の要素は〝慣れ〟を除けば、物理的実在がないことだと説明しましたが、実はこのどこにでも存在できるというクラウドで管理された電子書籍の特徴を使えば、紙の本よりも存在感のある電子書籍がつくれるのです。

電子書籍の大きな欠点は、読んでいるとき以外は、どこにあるか目に見えないということです。買ったばかりの本は机の上にでも放り投げておけば、いやでも目につきますが、電子書籍をiPadで購入しても放置されているiPadでは画面は真っ暗か、メニュー画面が表示されているだけですから、電子書籍アプリをクリックしない限り、表紙すら見ることはできません。いってみれば購入した電子書籍は机の引き出しの奥にしまわれた状態になるわけです。

ところが紙の本は机の上とか、ベッドの脇とか、本棚に並べておくとか、目につく場所に置くことができます。ここが現在の電子書籍には真似ができない部分です。これについては最終的には電子本棚のようなものができることで解決すると、ぼくは予想しています。たとえば壁紙が薄いディスプレイのようなものに未来は置き換わり、そこに本棚とかが表示されるようになるんじゃないかと予想しているのです。そういう電子本棚は物理的な本棚よりも便利で自動的にシャッフルされたり、最近買った本とかはページを開いた状態で表示されたり、いろいろな工夫が可能です。会社でも家庭でも同じ蔵書が表示できます。こういう電子本棚が実現されたときには、紙の本の実用的な価値は本当になくなるでしょう。

出版業界はどう変わるか

電子書籍の時代になったときに出版業界はどうなるのか。なんとなく悪い予感がして、あまり想像したくない未来ではないでしょうか。まあ、でも現実を見つめて、どのような可能性がありうるのかを整理してみましょう。みなさんが気になるテーマは次のようなものでしょうか?

① 取次店は生き残れるのか。
② 書店は生き残れるのか。
③ 出版社は生き残れるのか。
④ アマゾン、アップル以外の電子書籍プラットフォームに未来はあるのか。
⑤ 電子書籍時代の出版市場はどの程度の大きさになるのか。

最初の①についてですが、書籍の印刷と流通については、電子書籍においてはアマゾン、アップルなどのプラットフォーム側が同等の機能を提供しますから、まったく必要がなくなります。ですので、一番影響を受けると思われている分野です。ここについては現状のままだと縮小する紙の本の市場サイズに応じて、ビジネスを縮小せざるをえないというのが大方の見方でしょうし、そうなると思います。

②の書店についても、電子書籍においては、やはりアマゾンやアップルなどのプラットフォームが直接販売をしますので、全体としては紙の本の市場の縮小とともに売上が減少していく未来が予想されます。一部のゲームソフトではじまったように、ダウンロード販売だが暗証番号が書いてあるカードを販売して、お店を経由してお金を払うような形態も考えられます。しかしこれは、やはりちょっと無理があるモデルで、便利さを考えるとクレジットカードなどを持てない未成年者を除けば、ネットで購入と決済の両方を済ませるユーザが大半になるでしょう。

自然に考えると、電子書籍の時代に書店のビジネスが成立するのは、非常に困難に思えます。ただし、書店の場合は、書店自体が集客能力を持っていて、書店に来るお客さんに店頭に置いてある本を見せることで、同時にプロモーション効果があります。

短期的に見ると、電子書籍の時代には本屋は不要に見えますが、長期的に見ると書店がなくなることにより、電子書籍を含めた書籍全体の市場が縮小していく可能性があります。このことを出版社、あるいはアマゾンやアップルのような電子書籍のプラットフォームがどう考えるかです。

これは、書籍の市場を守るために店舗を維持して余計にかかる流通コストを、だれが負担するのかという問題に帰着します。コンテンツ側の出版社か、プラットフォーム側のアマゾン、アップルかという話になります。

電子書籍時代には市場の大半をコントロールするのはアマゾンとアップルの二大プラットフォームになりますから、彼らが出版市場全体の責任を持つのが本来は筋だと、ぼくは思います。だとすると、彼らが電子書籍市場の規模を守るために、プロモーションを兼ねた直営店を展開するという流れは、ありえない話ではないと思います。実際にアップルの場合は世界各地にアップルストアを直営店として展開した実績があります。最初は世の中にあるパソコンショップ網に比べてあまりにも微々たる勢力だったアップルストアですが、パソコンがコモディティ化して儲からない商品になるにつれて、パソコン専門店なるもの自体がほとんど絶滅しかかっているなかで、アップルストアは次第に存在感を増しています。

流通自体で利益をあげられない構造では、利益を出しているプレイヤーが流通コストを負担するのは理にかなっています。現時点ではアップルやアマゾンが書店網を展開するなど考えにくいですが、彼らが出版市場をすべて支配したと思った後であれば、市場規模拡大のためにリアルな場所での書籍の露出に力をいれる、おそらくは書籍だけではないでしょうが、デジタルサイネージなども絡めて、そういう方面に力をいれるようになるでしょう。

出版社側がコストを負担して書店を経営する、そういう流れはありうるでしょうか。書店の経営は単独では成り立たないだろうという前提ですから、単純に考えると書店を経営することで増やせる書籍の売上が、他の宣伝手段と比較して費用対効果が割にあうかどうかということになります。このモデルが成立するためには書店での売上のかなりの部分が、経営する出版社の商品で占められている必要があります。どんな本でも扱うという書店よりも、商品数を絞った書店のほうが成立する可能性が高いということです。これはこれでありえないモデルではないと思います。

ただ、そのときには出版社が書店を持つというよりは、集客力を持っている流通側が出版社の機能も持つということではないかと思います。たとえば、「アニメイト」や「とらのあな」のような特定のジャンルに強い集客力を持つ販売店や、セブンイレブンなどのコンビニのようにもともと陳列する点数は少ないが集客力のある販売店といったところが出版社も兼ねることにより、電子書籍時代にも店舗を維持して利益を確保する仕組みがつくれる可能性があるということです。あと、同様のモデルが成立する可能性があるとしたらTSUTAYAのような複合店でしょうか。

③の出版社の未来についてはどうでしょうか？　電子書籍時代の出版社のリスクは中抜きされることです。つまり、アマゾンやアップル自体が出版社となり、作家と直接契約するようになることです。これはかなり起こりうる話で、出版社の利潤は将来的には大幅に低下する可能性があ

ります。電子出版での出版社の立場は非常に不安定なものになっているのです。

おおまかな構造を説明しましょう。アマゾンが出版社と契約する場合には売上を出版社が七割、アマゾンが三割の比率で配分するといわれています。ところが作家は出版社を通さずにアマゾンと直接に契約することもできて、その場合は三割をもらえます。まあ、でも出版社を通して契約する場合はアマゾンは四割を上乗せしているので出版社はアマゾンと同じ三割を作家に払っても四割の利益が残る構造になっているのですが、実際には、紙の本の慣習に従って作家には一割程度の印税しか払っていないケースが多いのです。このままでいくと、今後、出版社ではなく直接アマゾンと契約したほうが得だと思う作家が増えていく可能性があります。

じゃあ、アマゾンと同じ三割に引き上げればいいかというと、そう簡単な話でもありません。まず、作家が原稿を完成させるためには編集者の助言だったり校正だったりと、出版社が負担しているコストがあるという点もそうですが、そもそも出版社への四割のマージンの上乗せがいつまで続くのか分からないからです。実は最初、アマゾンが電子書籍事業を始めるときに出版社に提示したのは、いま、作家と直接契約するときに提示しているのと同じ三割だったのです。そのときに出版社側から猛反発を受けて七割に引き上げたのです。つまり電子書籍事業を立ち上げるために電子書籍のラインナップをそろえたかったので、妥協して七割を支払うことにしたのです。しかし、作家と直接契約する場合には三割しか払いません。これは出版社側に四割のマージンを残してあげたと好意的に考えることもできますが、だとしても果たしていつまでもこの状態をアマゾンが維持してくれるのか不透明なのです。将来的にアマゾンの立場がどんどん強くなっていくと、次第に、この四割はいろんな形で減らされる圧力がかかると考えるのが自然でしょう。

今後、起こりそうなのは、アマゾンにとっては利益の高い、直接契約している電子書籍を優先して表示することです。出版社は作家を繋ぎとめるため、印税を上げるか、アマゾンよりも強力なプロモーション手段を提供するか、場合によってはアマゾンに広告費用を支払うかなどして、いずれにせよ、利益が減少するか、作家が流出するかのジレンマの中に立たされることになります。そしてアマゾンは好きなタイミングで作家への印税率を引き上げるか、出版社への印税率を引き下げるかして、両者の印税差を少なくしていくことで、出版社の息の根を止めることができるのです。

出版社にとって救いなのは少なくともアップルの存在によって、電子書籍のプラットフォームにアマゾン以外の選択肢が出現したことです。アマゾンが出版社への印税を三割から七割へ引き上げた大きな要因はアップルとの競争のためです。

④ですが、日本にはこの二社以外にも電子書籍のプラットフォームが存在しますが、果たして生き残る可能性はあるのでしょうか。基本的には非常に厳しいといわざるをえません。アマゾンやアップルと同じ電子書籍を仕入れて売るだけでは、早々に競争に敗れて行き詰まることになる

でしょう。生き残る可能性があるとしたら、アマゾンやアップルと競争しないジャンルを開拓するしかありません。なんらかの独占コンテンツを持たないと、とても勝負にならないでしょう。

成功するかもしれないパターンのひとつは、出版社がプラットフォームをつくることです。コンテンツを持っているプレイヤーにしかできないことをやることで、やっと他のプラットフォームとの競争のスタート地点に立てるのです。ぼくは任天堂型プラットフォームと呼んでいますが、世界的なプラットフォームと対抗できるプラットフォームを日本でつくるためには、プラットフォーム自身がコンテンツをつくる必要があると思っています。そしてコンテンツが大成功してキラーコンテンツとなることで、やっとまともな勝負がはじめられるのです。

⑤ですが、電子書籍の時代に出版産業の規模がどうなるのかについて、どういう予想が可能か考えてみます。電子書籍は流通コストと製造コストが必要ありません。この浮いた分のお金がどのように配分されるかですが、ひとつは出版社の利益となり、もうひとつはプラットフォームが受け取り、さらに値下げによって消費者に還元されます。つまり、これまで印刷会社や運送会社や書店などが得ていた収入を、出版社とプラットフォームと消費者の三者で分け合う構図になります。したがって紙の書籍のときと販売数量が変わらなければ、電子書籍になれば出版社および作家の収入は増えることになります。では、はたして販売数量は増えるのでしょうか、減るのでしょうか？

これについては断定的なことはいえません。正直、どちらの可能性もあると思いますが、現状だと減る要因のほうがはっきり見えているのに対して、増える要因についてはどうなるかが不透明です。減る要因というのは電子書籍の時代になる過程で、書店の数が大きく減るだろうからです。紙の本が売れる拠点が減ることは、電子書籍がその分売れることを意味しません。書店がなくなると人間が書籍に出会う機会がその分減るからです。世の中での本の存在感が薄くなれば、その分、人間が消費する本の総量も減るでしょう。書店がなくなり、コンビニから雑誌コーナーが消えたら、その分、わざわざ電子書籍サイトを訪問することにはなりません。たんに本に巡り会う機会が減った、それだけなのです。

リアルの世界で本と接触する機会が減少するとして、その分を埋め合わせるだけネットで本と接触する機会が増えれば問題はありません。電子書籍がネットの世界でどれだけの存在感を発揮できるのか、そこが現在は不透明な部分です。ウェブとの親和性をどうやって高めていくか、それが今後の電子書籍の大きな課題であり、その結果如何《いかん》で、電子書籍によって出版産業が縮小するのか、規模を維持できるのかが決まるでしょう。

また、ウェブとの親和性も当然に重要です。

これはぼくの予想ですが、現在のウェブでの情報の爆発にともなう内容の低レベル化を考えると、無料ウェブ上で広がっているハイパーリンク網とは別に、有料の電子書籍間でのハイパーリンク網が、インターネットの新たな知のネットワークを構築する可能性があるんじゃないかと期待しているのです。ウェブの知のネットワークを電子書籍が担うようになれば、むしろ電子書籍はインターネットによって最も成功した有料コンテンツの地位を得られるのではないでしょうか。

11　テレビの未来

ネット時代にテレビがどうなるのかというのが、この章のテーマです。テレビはやがてネットに置き換えられてしまうのか、それとも並立するのか、また、どのように役割分担をしていくのでしょうか。

まず、ネット時代にテレビがどうなるのかについて、なんとなくテレビの時代からインターネットの時代になるのだろうなという漠然としたイメージをみなさん持っているのだと思いますが、テレビからインターネットへ覇権交代が起こるとして具体的にはどういうことか、三つの段階に分けて考えてみましょう。

第一段階：人間がテレビを見る時間よりもインターネットを見る時間のほうが長くなる。テレビ端末とネット端末が併存し、消費者は両方とも所有する。

第二段階：テレビ番組はネット端末の一機能になる。テレビ端末とネット端末が融合してネットテレビになる。

第三段階：テレビ番組の伝送路が放送波ではなくインターネットに置き換わる。テレビがなくなり、ネットテレビを含むネット端末だけになる。

現在、第一段階が若年層を中心に進行しており、第二段階に移行することを想定して、いろいろなプレイヤーがつばぜり合いを始めているといった状況でしょう。第三段階まで進むとは、まだ想像している人は少ないかもしれません。しかし、少なくともテレビなしでテレビがこれまで果たしていた機能をネット端末で賄うというのは、現時点でも起こっている出来事です。いずれテレビ自体が不要になる可能性というのは、十分に検討に値するでしょう。

もうひとつの切り口としては、本当に第三段階に進むとしてテレビ番組を放送する主体がだれになるのかということです。つまり、主体がテレビ局ではない可能性もあるということです。

その場合に、テレビ局に対応するネットサービスはどんなものでしょうか。大きく分けてVOD（ビデオオンデマンド）系のサービスとライブストリーム（生放送）系のサービスの二種類があります。

VOD系もさらにふたつに分類できて、ひとつは主に無料で提供されるYouTubeやニコニコ動画などの動画共有サイトと呼ばれるもの。もうひとつは Hulu や BeeTV、あるいは Netflix のような定額課金制の動画配信サイトです。

ＶＯＤ系のサービスではユーザが選んだ見たい動画を好きな時間に見ることができます。もう一方のライブストリーム系のサービスとは、撮影した映像を生放送としてリアルタイムで配信するネットサービスです。代表的なものには Ustream やニコニコ生放送があります。

テレビの役割がこれらのネットサービスに置換されるとしたら、テレビの果たしている機能をＶＯＤ系とライブストリーム系のどちらに対応するものか分けて考えると、いろいろ整理できるでしょう。

結論を先に書くと、テレビが果たしている機能でＶＯＤ系の要素が強いものはネットサービスで置き換えられるが、逆にライブストリーム系の要素が強いものは、テレビがまだまだ優位性を保つでしょう。

未来のテレビとネットの役割分担がどうなるかを考えるときには、まず、従来のテレビが依拠している電波を利用して映像を表示する方法と、インターネットによるデータ通信を利用して映像を表示する方法とでは、いったいなにが違うのかを明確にする必要があります。

テレビ業界がネットにどう対応するべきかというと、すぐインターネットは儲からないだとか、とかくビジネスモデルの話になりがちなのですが、まずはメディアとしての特性が従来のテレビとインターネットではどのように違うのかを、技術的な観点から整理して考えることが基本だと思います。

テレビの特徴は、同時に同じ映像をあるエリアにいるすべての人々に、テレビとアンテナさえ持っていれば伝えることができることです。その代わりチャンネル数には制限があって、伝えられる映像の種類はチャンネル数と同じだけしかありません。

一方、インターネットの特徴は、チャンネル数がほぼ無制限であることです。その代わり映像のような容量の大きなデータを同時にたくさんの人に伝えるのには向いてないというか、現状の放送インフラとしてのインターネットの性能では、不可能であるということになっています。

また、テレビは規格がきっちりと決まっていてなかなか変更できません。変更するにはアナログテレビからデジタルテレビへの移行のように、ほとんど国家プロジェクトになってしまいます。

一方、インターネットでのサービスは自由度が高く、企業でもあるいは個人でも新しい映像サービスをつくりだすことは可能です。ざっと考えてみる限りは、インターネットのほうがチャンネル数の制限も事実上ないし、新しい映像サービスにチャレンジしやすいわけですから、長期的には有利です。

ビジネスモデルの問題を除けばインターネットの唯一の欠点は、テレビほど大勢の人に映像を配信するのは現状のインターネットのインフラでは不可能であるということのように見えます。

しかし、これは根本的な問題でもありますので、逆にいうとインターネットの現状のインフラの性能では、そもそもインターネットがテレビに完全に取って代わることが不可能だということです。

でも、ここで疑問ですが、完全でなくても部分的にであれば、取って代わることはできるのでしょうか？　また、将来、インターネットのインフラの性能が向上すれば、完全にテレビに取って代わるといったこともあり得るのではないでしょうか？

このようにテレビとインターネットの今後の関係を考えるときに、放送インフラとしてのインターネットの性能がどれぐらいで、今後、どれぐらい向上するのかは非常に重要な基礎データになるでしょう。そして放送波をインターネットによるデータ通信で置き換えることがインフラ的に可能になったとして、そもそもインターネットに置き換えるモチベーションが視聴者になければ意味がありません。

テレビよりも機能追加が楽なインターネット放送ですが、テレビにはできない魅力的な機能なんてものが実際にあるのか。あるとしたらどんな機能が候補になるのか。そういったことを順番に考えていきます。

放送インフラとしてのインターネット

インターネットのインフラの性能とはどういうことかというと、前に述べた第三段階の映像の伝送路にかかわる話です。要するに電波ではなくインターネットで、同時に何人までの人に映像を届けるサービスが実現できるのかということです。

よくテレビ業界の多くの人が、テレビがなくならない理由として、インターネットでは同時に大勢の人に映像を流せないということを挙げるのですが、はたして、それは本当のことでしょうか?

二〇一五年現在、一〇Gbpsという大容量のインターネット回線を契約するのに月額一〇〇〇万円程度かかります。ひとりあたり一Mbpsぐらいという、アナログ放送並みの画質だと、同時に一万人の人に映像を配信できる計算になります。これはどれぐらいの数字でしょう。

たとえばCS放送と比較してみると、二〇一五年四月末のスカパー!加入者数は約三四七万人です。あたりまえですが、全員が二四時間スカパー!を見ているわけではありません。地上波放送でもなくBS放送でもなくブルーレイやテレビゲームでもなく、スカパー!を見ているスカパー!視聴率が仮に最大一〇%だとして、約三五万人が同時に見ていることになります。スカパー!は約七〇チャンネルをそろえているとのことなので、視聴者数をチャンネル数で割ると、各チャンネルの最大同時視聴者数の平均は五〇〇〇人ぐらいでしょうか。これは、だいぶ甘めの見積もりだと思いますが、おそらくCS放送局の大部分の同時視聴者数は一万人に達しないでしょう。CSクラスの放送局を新しくつくるのであれば、人工衛星のトランスポンダ（通信衛星の中継器）を借りなくても、月額一〇〇〇万円のインターネット回線接続費用を払えば十分ということです。

つまり現時点でも、CS放送ぐらいであれば電波ではなく、インターネットでインフラとしては十分に置き換えることができるのです。いまのテレビは電波を受信して映像を表示する仕組みなので、CS放送がインターネットにいますぐに置き換えられることはありません。しかし、近い将来にネットテレビが普及しはじめると、CS放送の存在意義が問われることになるでしょう。これは時間の問題です。

現在はCS放送であれば、インターネット放送でもインフラとしては十分であることを説明しました。では、BS放送と地上波放送についてはどうでしょうか？　インターネットの基幹ネットワークは年々増強されています。どこかの時点でBS放送や地上波放送もインターネットで十分であるという結論にはならないでしょうか？

このようにネット時代のテレビがどうなるかを考えるとき、まず第一に重要なのはインターネットの通信インフラの発展がどのようなペースで実現するかです。インターネットで、どの程度の人数まで、どの程度のコストで映像を配信できるのかが、インターネット放送の普及のインフラ的な上限を決めることになります。

大ざっぱな計算をしてみましょう。NHKのホームページの資料によると二〇一四年度末の日本のテレビ普及世帯数は約四七〇〇万です。二〇一四年度下期のゴールデンタイムの総世帯視聴率が六三・三%ですから、ピークタイムのゴールデンタイムには、だいたい三〇〇〇万世帯(台)が同時に見ていることになります。これをインターネットで置き換えるには、先ほどと同じひとりあたり一Mbpsで映像配信すると仮定すると、約三〇Tbpsのデータ通信が必要になります。これはどのぐらいの数字でしょうか?

総務省のホームページにある資料では、二〇一四年一一月の日本のブロードバンド契約者の総ダウンロードトラフィック量の推計値は三・六Tbpsとあります。これは平均で、ピークタイムはだいたい平均の五割強増しのトラフィックになりますから、日本のインターネットのピークタイムに、一般家庭がインターネットからダウンロードしている総データ量は五・四Tbpsぐらいであると考えていいでしょう(ちなみにテレビの全世帯視聴率もゴールデンタイムは六三・三%ですが、全日は四一・六%と、ピークと平均の関係はインターネットのトラフィックと似たような傾向があります)。

先ほど計算したとおり三〇〇〇万世帯に映像を配信するためには三〇Tbps必要ですから、

日本のすべてのトラフィック量を映像配信のために使ったとしても、六倍ぐらいの回線が必要になります。

　要するに全然足らないということです。いまのインターネットのインフラでは、テレビ放送を置き換えるだけのキャパシティは到底ありません。ここがテレビ放送がインターネット時代でもなくならないという、最大の根拠になります。でも、この状態はいつまで続くのでしょうか？

　三・六Ｔｂｐｓという日本の総ダウンロードトラフィック量ですが、これは一年前よりも三割以上（三七・五％）増加しています。今後、毎年、トラフィックが三割増えるとすると、だいたい一〇年間で一〇倍、一四年間で三〇倍になります。

　つまりこのままのペースでいくと一四年後にはすべてのテレビ番組が電波を使わずに、インターネット経由でデータとして映像配信することが現実味を帯びてくるのです。

　もちろんぼくが仮定においたひとりあたり一Ｍｂｐｓという数字では、ＤＶＤよりもちょっと綺麗なぐらいの画質ですから、現在の地上波デジタル放送並みの映像を配信するためにはさらに五倍ぐらいの帯域が必要かもしれません。それにしても結局は時間の問題であり、五年とか一〇年とか計算結果が増えるだけの話です。

　また、インターネット放送には電波ではできない優位点もたくさんありますから、画質がそれほど決め手にならない可能性も大いにあります。結論としては一五年後から二〇年後にはテレビからアンテナがなくなって、すべてインターネットから映像が配信されるという世界になっている可能性は、すくなくともインフラ面からはありえるということです。

もっとも、このシナリオが本当に成立するためには、いくつかの前提条件が満たされることが必要でしょう。まずひとつは魅力的なネットテレビが発売されること。そしてテレビ局で放送している番組を、インターネットでも同時配信することです。また、インターネットで配信しないとできない、差別化のポイントが生まれることも重要です。さらには毎年増加するトラフィックに合わせて、日本のインターネットのインフラがちゃんと増強できるかということです。特に今後はスマートフォンでの視聴というのが増えてきますから、データ通信用の電波帯域が飽和してボトルネックになる可能性があります。しかし、以上の懸念点はあるものの、時期が遅れることがあったとしても、いずれすべて実現するだろうというのがぼくの予想です。

インターネット放送だけができる機能

テレビと異なり自由に機能を追加変更できるのが、インターネット放送の特徴です。

従来のテレビにはできない、インターネット放送ならではの機能というのはあるのでしょうか？　視聴者が、これだったら電波による放送ではなくインターネット放送でテレビを見たほうが面白いと思うような差別化ができるのでしょうか？

インターネット放送ならではということになると、まず、考えられるキーワードのひとつは双方向性です。ここはインターネット放送のほうが得意な分野であるのは間違いありません。

しかし、従来のテレビでもデジタル放送では簡単な双方向のインターフェースは実現していて、投票とかで盛り上がる番組も生まれています。万人に向けたテレビでは、使い方が簡単なほうが間口が広くてたくさんの人が参加できていいでしょうから、いまのテレビについている双方向機能だけで十分な可能性もあります。

電波による放送では無理で、インターネット放送でないとできなくて、かつ視聴者にとってキラーになるような機能とはなんでしょうか？　実は双方向性以外にも、もうひとつあります。それは視聴者のひとりひとりに別々の映像を見せられるということです。

電波による放送は、電波の届く範囲にいる視聴者には全員に同じ内容の電波が届きます。

インターネットによるデータ通信の特徴はそれとは違って、基本的に一対一の通信です。たとえばインターネットに一万人の視聴者がいるときは、一対一の通信を同時に一万回繰り返すということをやるのです。電波の場合は相手が一万人だろうが一〇〇万人だろうが、同じ電波を一回だけ発信すれば全員が同じ電波を受け取りますが、逆にいうと視聴者ごとに別の電波を送ることはできません。

しかしインターネットの場合は視聴者が一万人いれば一万回、一〇〇万人いれば一〇〇万回、別々にデータを送るので、中身を変更できるのです。ここが根本的な違いなのです。このことを活かせるかどうかで、インターネット放送が普及するかどうかが決まります。おそらくは双方向機能というのも視聴者のひとりひとりに違う映像を流せるという利点とうまく組み合わせたときに、最大の力を発揮するはずです。

実はすでにインターネット上のＶＯＤ系のサービスやライブストリーム系のサービスは、この双方向機能と、ひとりひとりに違う映像を流せるというインターネットの特徴をうまく利用して、ネットユーザに支持されていると解釈することができます。動画サイトというのは、視聴者ひとりひとりがクリックして選んだ別の動画を見ることができるテレビと考えることができますし、生放送サイトというのも、やたらチャンネル数の多いテレビとも考えられます。

ですが、ここで指摘したいのは、そういうもともと違う動画、違う生放送を見たときに違う映像が流れるというあたりまえのことではなく、同じ番組なのに視聴者によって違う映像が流れるという新しい映像ソフトのフォーマットというのも考えられるのではないかということです。

たとえば、視聴者の属性によって違う映像が流れたり、視聴者が操作することでカメラが変更できたり、そういった視聴者ひとりひとりに違う映像を流せるという特徴をうまく利用した、決定的に素晴らしい機能が見つかるんじゃないかということです。もし見つかれば、きっと、それは電波では真似できないものです。

　また、特に映像ソフトのフォーマットが進化しなくても、ひとりひとりに違う映像を見せられるという特徴を使って、インターネット放送でしか実現できない簡単な機能というのも考えられます。

　ぼくが案外、こういうのがキラーになるんじゃないかと思っているのが、巻き戻しとおっかけ再生機能です。もちろんそういう機能がついているハードディスクレコーダーも存在していますが、ハードディスクなどの記憶装置がなくてもインターネット放送であれば、サーバ側でそういう機能をつけることができます。

　クライアント側に記憶装置がついていなくてもかまわないのでローコストですし、スマートフォンなどとは相性がいいでしょう。

　現状はインターネットでのストリーミングサービスというと、テレビ番組やＤＶＤなどの映像作品をインターネットという媒体を通じて、同じものを放送するだけというコンセプトが主流です。しかし、今後は双方向性と視聴者ごとに別々の映像を見せるというふたつの特徴をいかに活かしてサービスを進化させるかが勝負になるでしょう。現在は双方向性を活かした番組づくりという視点ではいくつも実例が登場しはじめていますが、その次に重要になるのは、サーバ側で映像を視聴者ひとりひとりに合わせてリアルタイムで加工して配信するという技術になることでしょう。

また、ついでに書いておきますが、ＩＰマルチキャストという単語を聞いたことがあるでしょうか？　テレビがインターネットで放送される場合に重要だといわれている技術で、簡単にいうと、インターネットを使いながらも電波と同じようにたくさんの人に同じデータを同時送信するのに適した規格です。つまりインターネットのインフラをそれほど増強しなくても、テレビをインターネットで置き換えられる可能性のある技術です。

ＩＰマルチキャストに対応したインターネット網を本当に構築できるのかという実際的な問題はおいておいても、ぼくはこれはあまり筋がよくない技術だと考えています。というのは帯域を多少節約するとかいうことであれば、時間が解決する問題であって、所詮は過渡的な技術にしかならないのではないか、と思っているからです。

インターネット放送の本命は視聴者のひとりひとりに違った映像を見せることであって、ＩＰマルチキャストではそれができないのです。

ネット時代のテレビ局の競争

さて、ここまででテレビとネットの未来を考えると、電波を受信するテレビというものが将来的になくなり、すべてインターネット放送になることがありえること、その決め手になるのは、インターネット放送の機能が進化して、ひとりひとりの視聴者に異なる映像を表示することがあたりまえになることだろうという予想を示しました。

そうなると既存のテレビ局もいずれすべてインターネット放送局に衣替えをするということになります。インターネット放送局に免許はありません。将来的にも難しいでしょう。なにしろ個人が放送局になる時代ですし、サーバが海外にあるインターネット放送局を規制することが難しいのは、これまでも述べたとおりです。

自由競争下におかれたインターネット放送におけるプレイヤーとは、どういったところでしょうか？　ぼくはやはり既存のテレビ局が強いと思います。というのはひとつはすでに強力な収益基盤を確立していること。もうひとつはテレビ以上に、大勢のユーザにPUSH型で情報を届ける存在はネットにも見当たらないことです。

インターネットとは、視聴者の興味あるものだけを見られるように、いろいろな機能が進化してきたメディアです。広告ですら興味のありそうなものだけを選んで表示するようになっています。もともと、まったく興味のないものを宣伝するのには、インターネットは向いていないのです。

その点ではテレビは強制的に視聴者に同じ映像を見せるということが特徴ですから、マスプロモーションには優れています。また、基本的に視聴者は同時に同じ映像を見るわけですから、共通体験である映像を通じて一体感を味わうことになります。

これに代わる機能をネットは提供できていません。したがって、ネットが発達した現在においてもネットでの最大の話題は、常にテレビが提供しているのです。

典型的な例は「金曜ロードＳＨＯＷ！」でスタジオジブリ作品が放送されるときです。放送時間の間、ネットの話題はジブリ一色となり、そのときに放送されたジブリ映画に関連するワードがTwitterのホットワードのランキング上位を独占します。ネットのいちばん大きな話題はテレビがつくっているのです。

ちなみにTwitterで単位時間あたりにどれだけたくさん呟《つぶや》かれたかという世界記録を持っているのは、スタジオジブリ作品の『天空の城ラピュタ』のラストシーンです。主人公といっしょにネットでいっせいに「バルス」と呟く遊びは通称「バルス祭り」と呼ばれ、ネットで最高に盛り上がるイベントとなっているのです。

それ以外にもネットで話題になることの多くは、テレビの人気ドラマだったりテレビで報道された事件だったりします。このテレビの特別なポジションが続く限り、テレビがやはり特別なプロモーションメディアとして、ネット時代においても最大の広告費を集めることになるでしょう。

この場合にテレビの競争力を生み出す鍵となっているのは、大量の人々に同時体験を与えているということです。この構図が崩れるとテレビの優位性は失われます。したがって、ぼくはテレビ局の多チャンネル化については注意が必要だと思います。

ネットにおいて競争力を確保するためには、むしろ、チャンネル数を減らし絞ることが有効であり、チャンネルを増やして多様なユーザニーズに対応するのは、放送免許にもはや守られないテレビ局の最大の武器である大量の視聴者を分散させてしまう危険があるからです。

そうなると、だんだんとネット発の放送局といえるYouTube、Ustream、ニコニコ動画といったプレイヤーとの差別化が難しくなってきます。

また、潜在的な競合でいうと、テレビ局の最大の武器は同時に大勢の人々に同じ体験をさせるという点にありますから、ネット時代に大勢のユーザが日常的に使用しているサービスのＵＩ（ユーザインターフェース）にコンテンツが組み込まれるようなことが起こった場合には、テレビ局の立場が脅かされる可能性があります。

たとえばグーグルの検索ページのトップで突然、連続ドラマの配信などを始めたら、社会的な人気ドラマが突然、誕生するかもしれません。ＬＩＮＥアプリだとかiPhoneのトップ画面だとか、いまはユーザの利便性を考えて、そういう〝余計な〟機能はついていませんが、あるとき状況が突然に変わると、そういったところから新しい強力なインターネット放送局が誕生するかもしれません。

ちなみに放送免許で守られていないインターネット放送局間の競争とは、いったいどういうものになるのでしょうか？　基本的には、ポータルとしての集客力と囲い込んだコンテンツの競争力が勝負を決めることになると思います。このあたりは分かりやすい競争です。もう一段競争のレベルが上がったときに起こるのは、専用ゲーム機の世界と似たような状況ではないかとぼくは思います。任天堂と似たようなモデルを構築できた放送局が強いのではないかと思うのです。

いまのテレビと違ってインターネットは、映像ソフトのフォーマットを簡単に変更できます。要するに新しいゲーム機をつくって新しいプラットフォームをつくるのと似たことができるのです。その際に重要なのは、ファーストパーティと呼ばれる自社で抱えたコンテンツ制作チームです。新しいプラットフォームにコンテンツを提供するのは、やはり自社でやるのが一番確実なのです。

そういった勝負を仕掛けられる体制を構築できたところが勝ち残るのではないかと思います。そのためには新しい映像ソフトのフォーマットに対応したサーバシステムを設計・開発できるエンジニアチームと、従来の制作手法にとらわれず新しい映像ソフトのフォーマットにチャレンジするコンテンツ制作チームを、自前で抱える必要があると思います。

ネットテレビの時代のビジネスモデル

さて、ここまでネット時代に放送局がどういう競争をするのかについていろいろと書いてきたわけですが、最後にビジネスモデルがどうなるのかについて、少しだけ書きます。

ぼくの持論ですが、インターネットの広告モデルでコンテンツの制作費を賄うというのは基本的には不可能です。ですから最終的にはポータルが自社の宣伝費用としてコンテンツの制作費を出すか、もしくはHuluのような定額制のサイトがコンテンツの制作費を出すようになるしかないというのが、ぼくの予想です。しかし、テレビにおいてはテレビの広告モデルをネットに持ち込むことがうまくいけば、コンテンツの制作費を賄える可能性があります。

そのためには、テレビ番組のネットへの同時放送をいずれは実現しなければいけません。そして同時放送でなくてもネットでテレビ番組を流す場合には、テレビ放送のときと同じようにCMも一緒に配信するということを徹底すべきです。

この章で説明したように、テレビ番組はいずれ放送波ではなくインターネット経由で配信される時代がやってきます。いずれ一緒になるのです。だったら、どこかの時点でなんらかの計算式でネットでの露出回数もGRP（延べ視聴率。テレビCM販売のときの単位）に組み込んでテレビCMと一緒に販売するようにすべきです。

そうしないと、グーグルやアップルなどのネット側のプラットフォームに三割だとかの手数料を払わないと広告を販売できない、そういった状況に追い込まれる危険性が高まります。まだ、テレビのほうがネットよりも広告媒体として断然に影響力があるうちに、そういった仕掛けをする必要があるのではないでしょうか。まだまだ時間的猶予は、ありそうではありますが。

12　機械知性と集合知

集合知とはなんでしょうか？

「三人寄れば文殊《もんじゅ》の知恵」と昔からよく言われます。ひとりで考えるよりも大勢で考えたほうがいい知恵が出るという教えです。一方で、逆のことわざもあります。「船頭多くして、船、山に上る」――指図《さしず》する人間が多いとまとまりがつかなくて、とんでもない方向に物事が進んでいくというたとえです。知性が集まると賢くなるのか馬鹿になるのか、いったいどっちなのでしょう。

ネット時代に集合知という言葉が注目されたのは、グーグルの検索エンジンのように大勢の人間の行動をデータとして集計して情報処理することで、高度なサービスをつくれるようになったからです。

集合知という言葉を検索すると、集合知に相当する英語には wisdom of crowds と collective intelligenceというのがあって、それぞれ別の概念だと主張している人もみかけます。

また、インターネット全体や社会全体をひとつの知性体のようにみなす考え方もあるでしょう。インターネットや社会を構成するのは知性を持つ人間ですが、アリのように個体では知性はほとんどないように見えるのに、群れ全体としてのアリには知性が存在しているように見えるという例もあります。

このあたりをどう区別すべきか、いろいろな考え方があるようですが、現実に世の中にある集合知の議論ではごっちゃになっていることも多いようで、正直、専門家の間でも厳密な定義が共有されているようには思えません。とりあえず、専門的な定義は学者にまかせることにして、ここではごっちゃにしたまま集合知という言葉で連想されるイメージについて議論したいと思います。

一般に、集合知はひとりの人間の知性よりも優れていると思われていることが多いようです。また、たんに優れているだけではなく、人間の知性には思いもつかないような答えを導きだしてくれるというような神秘的なイメージで語られることもよくあります。さらには、集合知は大量のデータをあっというまに処理してくれる馬力のある知性だといったイメージもあるでしょう。

また集合知という言葉の連想から、アリの群れのようになにかの集団から創発的に発生する知性みたいなものだという漠然とした認識を持つ人もいるのではないでしょうか。

そもそも集合知とはどこに存在しているのか、というのも気になります。部分に存在しているのか、全体に存在しているのか、どちらでしょうか？　集合知という言葉から受けるイメージでは全体に存在しているように思えますが、集合知においてそれが部分に属するものなのか全体に属するものなのかは、どうやって区別すればいいのでしょう。

たとえば「三人寄れば文殊の知恵」という言葉が集合知を指すものだとした場合に、三人が集まった結果の文殊の知恵というのは具体的にはどこに存在しているのでしょう。

結局は、三人が集まった結果として賢くなったそれぞれ個人の知恵のことじゃないかという解釈も可能ではないでしょうか。その場合に三人が集まった〝全体の知性〟なんて概念は本当に存在すると考えていいのでしょうか。

〝部分の知性〟が集まった〝全体の知性〟なんてものが存在すると仮定したとしても、〝全体の知性〟だと思って取り出した知性とは、結局は、〝全体の知性〟に影響されて変化した〝部分の知性〟にすぎないということになっていないでしょうか？

別の例を挙げましょう。人間が持つ学問体系そのものが巨大な集合知であるという考え方もあります。その場合には、たとえば高校で物理を勉強する生徒は物理学の体系という集合知（＝全体の知性）に影響されて学力（＝部分の知性）が向上したと考えることができるでしょう。

また、物理を理解していて生徒に教える物理教師は、その範囲においては集合知そのものであると考えることもできるでしょう。

　みんなが集合知と思っているものの多くは、よく考えると概念として存在しているだけで、実際に目にしているのは集合知に影響されて学力の向上した生徒だったり、集合知のある部分を代表して教えている教師のようなものだったりはしないでしょうか？

　〝全体の知性〟と呼べるような集合知なるものが存在すると仮定すると、それは〝全体の知性〟に影響を受けた〝部分の知性〟とは区別して考える必要があるでしょう。

　なぜなら知性とはそもそも外部のいろいろな情報から影響を受けて判断をおこなうものなので、〝全体の知性〟であるところの集合知に影響を受けた〝部分の知性〟も集合知だということにすると、全部が集合知ということになってしまって都合が悪いからです。

　部分の知性が集まることにより、創発的に全体の知性なるものが誕生して定義できて、それが集合知だということにしたい。それと部分の知性は区別しないと混乱する、というのがぼくの考えです。

　たとえば、「三人寄れば文殊の知恵」ということわざがどういう現象を表しているかを想像すると、実際には三人で相談することによって、だれかひとりがいいアイデアを思いついたということでしょう。そしてなんらかの仕組みによりそのアイデアが全体の意見として採用されたということです。

なんらかの仕組みとは、たとえば三人とも納得して賛成したとか、いちばん偉い人が決断したとか、実は反対意見もあったんだけども多数決で決めたとかです。そういう最終的な意思決定の仕組みもふくめたトータルで、集合知というのは知性として判断されるべきでしょう。

つまり、部分の知性である三人の中にひとりだけ飛び抜けて賢い人がいたとしても、他のふたりがそれを理解できなくて反対ばかりしたとすると、集合知としてはその賢い人ひとりだけのときよりも頭が悪くなるということです。

集合知は頭が良いのか？

集合知というとなんとなく知性が集まるのだから、ひとりの人間よりもずっと頭が良くて、すごいものであるというようにイメージする人が多いと思います。

実際、また、新しい概念や技術については、人間というものはポジティブに考えたがるもので、集合知というものも、とにかくすごいし、未来的だし、可能性があって、ひとりの人間の知性なんてもう追い抜いている、というような文脈で紹介されることが多いのではないでしょうか。

ぼくは集合知が頭が良くなるように見える場合というのは、実際には先ほどの説明でいうところの「〝全体の知性〟に影響を受けて頭が良くなった〝部分の知性〟である」と解釈したほうが適切ではないかと考えています。

そして集合知は人間よりもむしろ頭が悪いというのが本質であって、知性が集まって頭が良くなるのは特定の条件下で発生する例外的な現象だと、ぼくは考えているのです。

人間がたくさん集まったところで、集団の知性なんてなかなか良くならないのです。

具体的に想像してみましょう。「三人寄れば文殊の知恵」かもしれませんが、では、三人ではなくて一〇〇人集まったらどうでしょうか？　一〇〇〇人集まったらどうでしょうか？　それこそ「船頭多くして、船、山に上る」になって、なにも決められない頭の悪い集団になるでしょう。

知性が集まって賢くなるのかを考えてみるのに、コンピュータの歴史を参考にすると、よりはっきりするでしょう。

より性能の高いコンピュータがどうやって進化してきたのかというと、基本的にはコンピュータの中枢部分であるＣＰＵの数を増やすのではなく、ひとつひとつのＣＰＵの性能を上げることでコンピュータの性能は向上してきたのです。

いや、最近のＣＰＵは全部マルチコアじゃないかと異論をとなえる人もいるかもしれません。確かに最近のＣＰＵはコアの性能を上げるよりはコアの数を増やすマルチコア化によって、並列処理が得意なように進化するのが流行です。

しかし、これはＣＰＵの性能の向上が限界に来ていて、性能を上げれば上げるほど増える消費電力と発熱が、もはや無視できなくなってきたことが原因です。もう単体では性能が上げられないから、並列化、分散化を進めているのです。

いままでのコンピュータの歴史でも似たようなことは何度もあり、基本的には単体のCPUでの性能向上だけでは性能が足らない場合にだけ、やむなく複数のCPUを搭載して性能を上げるという試みがされてきました。

なぜ複数のCPUを搭載するのが嫌われるのかというと、複数のCPUを搭載したからといって、全体の性能が簡単には上がらないからです。複数のCPUを使って動作するプログラムはとても複雑になるし、効率良く複数のCPUを使用しようとするとさらに難しくなるのです。

家庭用ゲーム機の歴史にちょうどいい例があります。

セガサターンは「SH-2」というCPUを二個積み、ハードウェア制御用のDSP（デジタル信号処理に特化したCPUのこと）などを合わせると、CPUが七個も搭載されていると言われていました。ですから潜在的にはライバルのプレイステーションよりも性能が高いはずという意見もあったのです。ただ、その主張が本当かどうか以前に、CPU七個をちゃんと使ったプログラムをつくれたゲーム会社がほとんどないまま、セガサターンのゲーム機としての寿命は終わり、次世代のドリームキャストが発売されました。

そしてドリームキャストはセガサターンよりもはるかに性能の高いゲーム機だったのですが、

搭載されたCPUは「SH－2」の後継である「SH－4」が一個だけだったのです。

コンピュータの世界に限らず、人間の世界においても同様の例はたくさんあります。頭の悪い人間がたくさん集まるよりも、優秀な人間がひとりいるほうが、すぐれた能力を発揮するのです。

たとえば将棋を考えてみましょう。将棋が好きなアマチュアが一〇人集まって相談しながら将棋を指して、はたしてひとりのプロ棋士に勝てるでしょうか？　一〇〇人集まろうが、一〇〇〇人集まろうが、ひとりのプロ棋士に歯が立たないだろうことは明白です。

知性が集まったことで向上できる知性なんていうのは、たかがしれているというのが基本なのです。

集まった知性は遅くなる

知性が集まってもさほど賢くならなくて、ひとつひとつの知性の性能のほうが重要というのは人間にもコンピュータにもあてはまりそうですが、なにが根本的な理由でしょうか？

それは情報の伝達速度の問題です。知性というものを抽象化して考えると、入力した情報を解釈して、なんらかの意味がある情報を出力するものと考えられます。つまり知性の内部は情報処理です。

この情報処理をおこなっているのは、人間であれば脳内でシナプスが発火だかなんだかしている思考のプロセスでしょうし、コンピュータであればCPUが実行しているプログラムです。この情報処理をどれぐらい短い時間でおこなうかによって、知性が動作する速度が決まるのは当然でしょう。

人間であれば他人と口頭やメールで相談するよりも、自分ひとりで脳内で考えたほうが思考速度が速くなるのはあたりまえです。

コンピュータでも同じような情報処理をするなら、複数のCPU間で情報を交換しながらおこなうよりも、同じCPUの内部で情報を交換しながらおこなうほうが断然高速なのです。

先ほど集合知は頭が悪いのが本質だといったのは、知性が集まってなにかやろうとすると遅くなるからなのです。集合知は思考速度が基本的に遅いのです。そして思考速度が遅いのは、情報処理の各プロセスでの情報の伝達速度が遅いからなのです。

人間が集まったときに発揮される知性の速度が遅いことは、民主主義を考えてみれば分かります。投票して多数決で決めるより、独裁者がひとりで決めるほうが速いに決まっています。

議会制民主主義の場合は、国家がなにか社会の仕組みを変えるためには、まず法律をつくる必要があります。法律をつくるためには、法案の内容を国民に周知させ理解を得ながら、各議員も法案の内容を勉強し、国会で多数決で議決する必要があるのです。

法治国家という仕組みをひとつの集合知と考えた場合には、情報処理の最小単位を、法律が改正されるときと考えることもできるでしょう。

だとすると、年に何回、国会が開催されるかで、法治国家という集合知の思考速度は決まることになります。要するにとても遅いということです。

知性が集まると思考速度が低下するばっかりで、ろくなことがないかのように書いてきました。じゃあ、知性なんて集めなくてもいい、全部の仕事は、複数の知性で相談したりせずに、ひとつの知性でやったほうがいいんじゃないかという気もしてきました。

複数の知性に、わざわざ仕事をさせる必要とはなんなのでしょうか?

それはやはり、ひとつの知性の扱える情報量に限界があるからでしょう。コンピュータの歴史でも複数のCPUを積んだ機械がつくられた理由というのは、その当時のCPU一個ではできない量の情報処理をさせようとしたからです。

また、コンピュータの場合はCPUを進化させていくことができましたが、人間の場合は脳というハードウェアはむしろ歳を取ると細胞の数が減ってくるぐらいですから、人間ひとりの能力には限界があります。人間ひとりの力に余る情報処理は他の人間と協同で情報処理をするなどして、情報処理を分担するしかありません。その際にはコンピュータの並列処理と似た問題が発生して、うまく分担するのが難しくなります。

もちろん量が多い単純作業を分担する場合は逆に処理は速くなることもあるのですが、複雑な処理を複数の人間で分担しようとした場合は、作業のために人間同士が話し合ったりしなければいけませんので、どうしても、ひとりでやるよりも遅くなってしまうのです。

つまり、ひとりでやれる情報処理は、ひとりでやったほうが速いのです。

ひとりの人間の能力では不可能な量の情報処理をおこなわなければならないときには、複数の人間で作業を分担するよりしょうがありませんが、その場合には基本的に知性の動作速度は遅くなると考えたほうが良いのです。

ここで重要なポイントになるのはインターネットの登場です。ネット時代にあらためて集合知が脚光を浴びているのは、インターネット経由で通信し、大量のデータの集計などをコンピュータがおこなうことによって、集合知の内部でおこなわれる情報処理のある部分を機械化し、本来、とても遅くなるはずの集合知を使って人間の能力を拡張するということが実用的な速度でできるようになったからです。

集合知という言葉は、たいていは人間の知性が集まったイメージで使われていますが、実際のところは一部が機械化されている知性でもあるわけです。

とりあえずの結論としてここでは、集合知と世の中で呼ばれている現象に、〝部分の知性〟である人間の能力の拡張であると解釈したほうが自然な場合があることと、集合知における人間の能力の拡張とは、他人の知性を利用するだけではなく、インターネットやコンピュータなどの機械も利用しているという二点を強調しておきましょう。

〝全体の知性〟と〝部分の知性〟

集合知の概念が分かりにくい理由は、先ほどからの繰り返しになりますが、集合知という言葉が指すはたらきが具体的にどういったものなのかが、範囲が広すぎて曖昧になっているからだと思います。

少なくとも〝部分の知性〟では能力的にできない情報処理を多数の知性で補うことによって実現する、いわば〝部分の知性〟の拡張のようなものと、〝部分の知性〟が集まったことにより全体として発生する知性のようなものを、分けて考えるべきじゃないかと思います。

全体として発生する知性というのも、また曖昧な表現ですが、これについては自律分散システムから生まれるはたらきであると考えるのがいちばん妥当じゃないかと思っています。自律分散システムとはどういうものかというと、全体をコントロールする中枢部分がなくて、各要素が自分自身の判断でばらばらに動いているのに、なぜか、うまくやっていけているようなシステムです。

たとえばお互いに独立したコンピュータがつながっているインターネットも、自律分散システムであると考えることができます。

ひとりひとり自分の意思で動いている人間の集合体である〝社会〟も同様です。投資家が互いに売買を繰り返すことで成り立っている〝株式市場〟なんかも、自律分散システムであるといえるでしょう。

こういう自律分散システムは知性のようなものを自然と生み出すのです。分かりやすいように、まったく知性のなさそうなものから知性が生まれる例として、たとえばアリの群れを想像してみてください。一匹一匹のアリはだれにコントロールされているわけでもなく、比較的単純なルールに従って動いているだけですが、アリ全体としては秩序ある、あたかも知性があるように見える行動をとっています。

こういう現象をどう考えればいいのでしょうか？　こういう小さな部分では存在しない性質が大きな全体では出現する現象を、創発といいます。たとえば〝水〟には圧力や温度といった概念が存在しますが、水をつくっている水の分子ひとつずつを観察しても、そこには圧力や温度は存在しません。圧力や温度は、水分子が大量に集まったときに出現する性質だからです。個々がバラバラに動く自律分散システムは全体として一定の秩序を生み出しますが、この創発として生み出された秩序が、知性があるかのようになんらかの仕事をすることがあるのです。

たとえば、アリの群れは巣のまわりにあるエサを探し出し、そのエサが一匹ではとても運べない巨大なものであれば、そこに向かってたくさんのアリが列をつくって巣まで運ぶという複雑な仕事をやってのけます。

ちなみに人間を含む生命も自律分散システムだといわれています。ヒトは六〇兆個の細胞でできているといわれますが、その六〇兆個の細胞は一見バラバラに動いているように見えながら、全体としてヒトをつくっているわけです。また、人間の知性を生み出している大脳皮質も一四〇億個の神経細胞を持つ、やはり自律分散システムであると考えることができます。

集合知は拡張された〝部分の知性〟と、このような自律分散システムが生み出す〝全体の知性〟がごっちゃになっているので分かりにくい、というのがぼくの意見です。どう、ごっちゃになっているのか、インターネットの無料百科事典としても、ウェブの集合知の偉大な成果としても有名な、ウィキペディアを例にとって説明しましょう。

ウィキペディアは、インターネットの利用者の中のたくさんのボランティアが、よってたかって共同作業でつくりあげた百科事典です。膨大な百科事典の記事を全部書くのはひとりの人間には量的にも不可能ですし、すべてのジャンルを書くために必要な知識をひとりの人間が持っているはずもありません。だから、インターネットでたくさんの有志が集まって共同作業をすることでお互い補いあって、ウィキペディアをつくったわけです。

ところが実際の作業としてはその瞬間に文章を書いているのはひとりの人間であり、同じ記事を編集するにしても知識レベルの高い人もいれば低い人もいます。意見の対立もあれば間違いもあるなかで、みんなで記事を修正したり、追加したりして、全体としてウィキペディアの記事は意外と信頼性が高いと思われています。

みんなでバラバラに編集しているのに、なんとなく落ち着くところに落ち着いています。みんなで影響を与えあいながら、一定のバランスが自然に生まれて記事のレベルが安定するはたらきこそが、自律分散システムが生みだした秩序であり、ここでいっている〝全体の知性〟に属するはたらきです。

ぼくの見解では、記事の中身は関係なくて、知識レベルも意見も異なるだろうボランティアの編集者がお互いに影響しあうなかで、記事の中身が一定の内容に収束するはたらきの部分だけが〝全体の知性〟に属するのです。

ウィキペディアの膨大な記事そのものは〝全体の知性〟のコントロールの下で〝部分の知性〟に属するはたらきが生み出したものの集合である、と考えられるでしょう。そして一般にウィキペディアの集合知の本体と思われているものは、こちらのほうでしょう。しかし、ぼくはウィキペディアの膨大な記事は、集合知そのものというよりは集合知が生み出した〝排泄物〟だと理解したほうが適切ではないかと思っています。

このように自律分散システムがつくる〝全体の知性〟が〝部分の知性〟に影響を与えて、見かけ上の集団の知性である集合知が生じるというモデルで考えると、集合知というものが理解しやすいのではないでしょうか。ぼくが見る限り、そうやって生じた集団の知性のうち、先ほどは「拡張された〝部分の知性〟」といいましたが、もともとの〝部分の知性〟がさらにプラスの方向へ変化したものだけが集合知と呼ばれていることが多いように見えます。

しかし自律分散システムがつくる〝全体の知性〟と〝部分の知性〟とは、本来は独立の知性であって、与える影響はたまたまプラスになることもあれば、マイナスになることも当然あります。いや、むしろマイナスであることのほうが多いでしょう。

〝部分の知性〟が集合してさらに頭が悪くなる状態、つまり、いわゆる衆愚というやつでしょうが、これだって自律分散システムの〝全体の知性〟が〝部分の知性〟に影響を与えるという構造は同じですから、集合知といってもかまわないのではないかと思います。

具体的な例を考えてみましょう。世の中にある多くの社会や組織の中での意見調整の仕組みはそういう〝部分の知性〟に影響を与えて、より頭を悪くする自律分散システムの典型ではないかと思います。

異なる意見が複数あらわれたときに、どの意見を組織として採用するかについて、よくある意見調整方法は、ふたつの意見を足して二で割る、民主主義的に賛成する人数が多いほうを採用する、社会的に偉いほうが主張している意見を採用する、こういったところでしょうか。

こういう原理で行動する人たちの調整役として活躍する自律分散システムが導きがちな落としどころというのは、まあ、だいたい想像がつくのではないでしょうか？　どの意見が本当に正しいかという議論もなく、まったく別の力学で最終的な集団の意見が歪んでいったりするケースは、みなさんにも経験があるのではないでしょうか。

有意義な結果を出す集合知になるか、衆愚になるかの鍵をにぎっているのは、結局、〝全体の知性〟の部分の出来です。つまり、自律分散システムの設計にかかっているのです。人間が集まってできる自律分散システムというと、社会がそうです。インターネットの情報伝達力、コンピュータの集計計算能力があるとはいえ、非常に難しいテーマであるといえます。

集合知の未来

さて、集合知は、結局、どんなことに利用できて、今後、どんなふうに発展していくと思っていればいいのでしょうか。

集合知の本を読むと、統計的に集計した「みんなの意見」が専門家の意見よりも精度が高いといった例が多数紹介されていて、将来的には集合知は個人の知恵を上回っていくんだと、夢と希望に満ちているのを感じますが、あんまり正しい予想にはみえません。

集合知はむしろ、そんなに頭が良くないのです。将棋でプロ棋士を負かすといった複雑な問題は、いくら素人の将棋ファンを集めても解けないのです。

また、集合知は基本的には計算が遅くなります。なにかの問題解決のために集合知が論理演算をやるということであれば、コンピュータがやったほうが速いでしょう。たとえば牛の外見から体重をあてるというのも本気で取り組むのであれば、人間の集合知なんて使わずに一台のコンピュータにやらせたほうが効率がいいでしょう。

集合知はいったいなんのために使われるのかと考えると、集合知という名前とは裏腹に、人間の集合から計算されるデータを機械知性が利用するためのものでしょう。

案外正しいらしい「みんなの意見」が採用されるのは、人間相手のマーケティングデータとしてだけに限られるのだと思います。

グーグルの検索エンジンが大量の人間の行動履歴から、キーワードに対してどのサイトを優先して表示するかを決定していますが、人間の行動履歴という集合知を利用するのは、検索エンジンというものが人間相手のサービスをおこなうためのものだからです。

ソーシャルゲームではサイトでゲームを紹介するときに、どういう順番でゲームを表示したら一番お金が儲かるかを計算して、トップページの中身をリアルタイムに更新しています。ひとりひとりの人間を素子《そし》とした人間の集団から、なんらかのパターンを抽出して、そこからエネルギーを取り出して、なにか仕事をさせて、お金を儲けるための仕組みをつくる、そういったことに集合知というのはまず使われていくのだと思います。そこについては経済的合理性がすでに存在します。

集合知が民主主義に役立つのではないかという期待もありました。ネット世論というものが世の中を正しい方向へ動かす潜在的な力を持っているのではないかという期待は、いまのところ裏切られているようです。これについては、そもそも集合知は正しい問題解決の方法を考える能力が低いことを認識する必要があると思います。

そして集合知がどういうところに収束するかは、構成メンバーのレベルと、自律分散システムとしてのネットのコミュニティの設計がどうなっているかで決まってくるのです。その場合に集合知としてのネット世論の特徴は、「正しい」のではなく「頑固」ということです。

集合知の特徴を並べると「頭が悪い」「遅い」「頑固」なのです。これは集合知というものが創発的に人間の集団から発生していることを考えると、わりと、あたりまえのことです。

集合知というものは人間の集団から発生する、ある瞬間での知恵として切りとられて理解されていることが多いのですが、人間の集団そのものが全体としてある種の生命体のようになっていて、知性を持っていると考えることも可能でしょう。

彼らは生命体としてはまだ原始的でわりと単純なことしかできません。人間よりもはるかにゆったりした時間の中を生きています。ですが、人間が細胞からできているにもかかわらず、ひとつの細胞が人間の意思に影響を与えることができないのと同様に、ひとりの人間が集合知という生命体の意思を動かすのは大変に難しいのです。

集合知をコントロールするとしたら、自律分散システムの設計によってです。それはネットによって大変に容易になりました。ソーシャルゲームの例のように人間の集合知から収集したデータを利用してシステム設計を変更していくノウハウを確立すれば、人間の集団のコントロールは、いまよりもずっと楽にできるでしょう。

コントロールするのは、きっと陰謀をめぐらす独裁者とかではなく、大手ネット企業が開発した機械知性になるのでしょう。近代以降、国家や企業といったシステムの支配に順応してきた人類は、さらに強力で数多くのシステムからのコントロールにやがて順応していくのだと思います。オープンソース運動みたいなものがネット上の社会形成にまで広がらないかという淡い期待は持ちつつも、大枠としては、ネットの集合知は人間をコントロールするように進化していくのだと思います。

13　ネットが生み出すコンテンツ

インターネットの時代には、すべての人がクリエイターになるという主張があります。コンテンツをつくる権利がプロの独占から一般のネットユーザに開放されるという、ある種の民主化のように礼賛する捉え方もあります。

インターネットの世界でユーザがつくるコンテンツのことをUGC(User Generated Content)と呼びます(第2章参照)。インターネットの世界では、プロがつくるコンテンツよりも、アマチュアがつくるUGCのほうがともすれば集客力を持つことは知られています。過激な意見をいう人の中には、今後、お金をかけたプロのコンテンツは消滅して、すべて、ネットユーザがボランティアとしてつくった無料のコンテンツだけになるだろうと主張する人もいます。

この章ではネットが生み出した新しいタイプのコンテンツであるUGCとはどのようなものなのか、プロのコンテンツとの違いはなにか、今後はどうなっていくのかについて説明します。

ＵＧＣという言葉は範囲が広く、掲示板やヤフー知恵袋のようなＱ＆ＡサイトなどもＵＧＣのなかに含まれます。ユーザがつくった情報を提供しているものは、すべてＵＧＣです。YouTubeやニコニコ動画のような動画投稿サイトもＵＧＣの代表例です。こういう動画投稿サイトに投稿されている動画は、自分の子どもやペットを自慢するようなたわいのないホームビデオから、プロ顔負けの自作音楽やコンピュータグラフィックスを駆使した映像作品までさまざまです。

イラストや小説などの投稿サイトも人気があります。プロが商業作品として世の中に発表するよりも遥かに多い数の作品が、インターネット上に発表されています。食べログのような口コミサイトもＵＧＣです。この場合はレストランの評判という口コミ自体が、ユーザがつくったコンテンツということになります。

ＵＧＣというネットが生み出した新しいコンテンツの形を、どのように解釈すればいいでしょうか？

ＵＧＣはアマチュアがつくったコンテンツという解釈も成立しますが、インターネット誕生以前にもコンテンツのクリエイターには、プロとアマチュアの両方が存在しました。ＵＧＣと旧来のアマチュアがつくったコンテンツとの違いはどこにあるのでしょうか？

そもそもプロとアマチュアの違いがどこにあるのかというと、コンテンツをつくることによって経済的な報酬を得ているかどうかというところに帰着するでしょう。その場合に、どんなに少なくてもお金をもらえばプロなのか、ある一定金額以上、たとえば生活ができるぐらいのお金をもらわないとプロと呼んではいけないのか、いろいろと意見が分かれるところだと思います。

そこにはプロとアマチュアの曖昧な境界が存在するのでしょうが、ひとまずは、経済的な報酬がもらえるかどうかがプロとアマチュアの違いということにしておきましょう。

経済的な報酬がもらえるということは、そのコンテンツを扱う業界において経済的な合理性が成立しているということでもあります。マンガ家や小説家が原稿料や印税をもらえるのは、出版社が販売している雑誌や書籍が売れるからです。テレビドラマを放送しているテレビ局に広告料を支払ってくれるスポンサー企業がいるから、ドラマの制作スタッフや出演者にテレビ局からギャラが支払われます。伝統芸能などの場合には、運営している事業者は寄付をもらえたり、国が補助金として費用を出してくれる場合もあるでしょう。

いずれにせよ、およそプロがつくるコンテンツというのはなんらかの経済的合理性があって、だれかから報酬がもらえる仕組みが存在しているのです。

ひるがえってUGCの場合はどうでしょうか？　UGCの場合はたいていは無報酬でネットユーザがコンテンツを提供します。つまりコンテンツのクリエイター側には経済的な動機は基本的に存在しません。ところが、じゃあUGC自体にまったく経済的な合理性はないのかというと、そんなことはなく、UGCのサービスを提供している会社には広告料などで経済的な合理性が存在するか、少なくともそれを目指してはいます。

つまりUGCと従来のコンテンツ業界を比較した場合、経済的な構造についての最大の相違点は、コンテンツのクリエイターに対して金銭的報酬が支払われないということにあります。

こう書くとUGCというのはクリエイターから搾取《さくしゅ》する本当にひどい仕組みだという気がしますが、そもそもUGCに限らずにコンテンツ業界というのは、おおむね似たような性質を持ちます。まずはコンテンツ業界自体が社会の中で経済的合理性を持って成立する必要があって、そのコンテンツ業界が得た収入の中からクリエイターに報酬が支払われます。

そういうものなのです。

多くのコンテンツは生活必需品ではありませんので、個人間の取引においてコンテンツで対価を受け取るのは容易なことではありません。コンテンツで対価を受け取るためには、そのコンテンツで収入を得られるシステムを、だれかが用意しなければいけません。

マンガ家や小説家が書いた作品が大ヒットすると何億円もの収入を得られるのも、出版社や印刷会社、全国に張り巡らされた書店流通網などがあっての話なのです。

ともあれネットにおいてユーザによるコンテンツの無償提供を前提としたUGCの成立は、コンテンツの定義自体を拡張したともいえます。従来だったら、コンテンツのはしくれとすら見なされなかった飲食店の口コミ情報を集めることで、食べログのような巨大サイトが誕生しました。

ネットユーザの口コミを集めることにより、経済的な利益を得る仕組みを食べログはつくり上げたわけです。

逆にこういったUGCサイトの成功により、インターネットの時代には口コミも立派なコンテンツのひとつであると認識されるようになったのです。

UGCの特徴

先ほど説明したように、UGCというものはネットユーザが金銭的には無報酬でコンテンツをつくり、UGCのサービスを提供するサイト側は経済的な利益を得る（あるいは目指す）ことによって成立するモデルであることが特徴です。しかし、なぜ、ユーザは無報酬でコンテンツを提供するのでしょうか？ この構造を成立させている要因としては以下のようなものが考えられます。

- コンテンツをつくる手間がそれほどではない。
- 自分のつくったコンテンツを他の人に見てもらいたい。
- UGCのサービスのユーザとして自分も楽しんでいて、お返しの感覚が存在する。
- そもそも自分のつくったコンテンツでお金がもらえるとは期待していない。

・インターネット上にコンテンツの提供者が無数にいる。

要するにお金をとれるような本格的なものではなくて、ユーザが手軽につくれるコンテンツをネットを通じてみんなで発表して見せ合うという、なにか遊びか奉仕活動に近い感覚でコンテンツをつくるのがUGCなのです。だから、プロがつくったコンテンツと張り合うようなものは、そもそもUGCは得意ではないのです。もっと手軽なものがUGCには向いているのです。

口コミをコンテンツ化するUGCというのは、その典型でしょう。そうなると、これまでのプロがつくってきた映画、音楽、アニメ、ゲーム、コミック、小説といったものは、UGCは本来苦手であるといえます。

ところがそういったいわゆる商業作品の領域ですら、UGCは一部進出をはじめています。典型的な例としては小説や音楽があげられるでしょう。何年も前からのケータイ小説のブームをはじめとして、ネット上で無料で公開されている小説が人気となり、商業作品としても出版されてベストセラーになるのは、もはやあたりまえの出来事になりました。

音楽においても、ニコニコ動画に投稿されているボカロ音楽と呼ばれるジャンルは、若年層を中心に商業音楽を上回る勢いで普及しています。CDも発売されずテレビやラジオなどでも流されないので大人はいまだに認識していないものがほとんどですが、カラオケボックスで歌われる音楽のランキングを見ると、上位の半分ぐらいはレコード会社が発売する商業音楽の曲ではなく、ネットでニコニコ動画に投稿されたボカロ音楽の曲で占められています。

カラオケ会社は若者の人気を獲得するため、オリコンチャートではなくニコニコ動画のランキングをチェックして、人気のあるボカロ音楽の作者と契約をしようとします。彼らはボカロPと呼ばれていますが、基本的にはプロではなく、ニコニコ動画に投稿しているアマチュアです。また、ボカロ音楽は本来はネットで無料で公開されるのですが、人気のある曲はCDとして発売されることも増えてきました。もともとはネットで無料公開している音楽にもかかわらず、オリコンランキングの上位に入ることも珍しくありません。

このようにプロがつくった商業作品の世界でも、本来は本格的な作品は苦手なはずのUGCが勢いを増してきていることを、どのように理解すればいいのでしょうか？

UGCがプロの作品と競争するための条件のひとつは、個人のネットユーザにもつくれるぐらいのコンテンツであることです。小説というものはペンひとつ、いまだったらパソコンのキーボードか携帯電話があれば書くことが可能です。

音楽も昔とは違って個人でもパソコンがあれば本格的な作曲が可能になりましたし、もともと、音楽を趣味として作曲や演奏をしている人の数も多いのです。ここでは潜在的なクリエイターがネットユーザとして一定数以上、存在しているということがポイントになります。

もうひとつの条件は観客がたくさんいることです。UGCでのクリエイターへの報奨は金銭ではありません。自分のコンテンツを見てくれる人がいることと、願わくは見てくれた人から賞賛されることがクリエイターにとって最大の報奨になるのです。

金銭的な見返りなしに賞賛だけでクリエイターが働くのかということに疑問を持つ人もいるかもしれませんが、クリエイターの予備軍がたくさんいるジャンルでは十分に成立するのです。

しかし、そもそも、なぜ、プロの作品が存在するジャンルのコンテンツでもUGCに観客が集まるのでしょうか？　インターネットがない時代にもアマチュアバンドのライブはありましたし、同人誌をつくって小説を発表する人はいました。

でも、そういったアマチュアのコンテンツに興味を持つ人は世の中のごく一部に限られていました。インターネットの世界でも、一般人はアマチュアの作品よりプロのコンテンツに興味を持つのがふつうに思えます。

なぜ、UGCのコンテンツがプロの作品よりも人気になるということが起こるのでしょうか？実はボカロ音楽などUGC発のコンテンツがこれほど盛り上がっているのは、世界中のインターネットの中でも日本だけだという話もあります。

日本だけかどうかはともかくとして、日本のUGC文化は世界の中でも最大級に発展しているというのはどうやら間違いなさそうなのです。なぜ、日本でそのような現象が発生しているのか、手前味噌ではありますが、日本のネットにおける創作活動の中心地となっているニコニコ動画を例にとりながら、ＵＧＣとはなにかということについて、もう少し説明を加えてみましょう。

ＵＧＣのレイヤー構造

ニコニコ動画はYouTubeと同じ動画投稿サイトに分類されますが、YouTubeとの最大の違いは動画上にかぶせて表示するコメント機能があることです。そして、このコメント機能こそが、クリエイターを引き寄せて、ニコニコ動画を日本のネット上での創作活動の中心にさせた原動力であると指摘する人は少なくありません。

クリエイターがなぜニコニコ動画に投稿するかというと、コメントがつくのが嬉しいからだといいます。ニコニコ動画はユーザの反応がコメントで返ってきやすいので、苦労してコンテンツをつくる励みになるというのです。

ニコニコ動画の特徴は非常にコメントがつきやすいことです。再生数に比較してコメントの数がとても多いのです。YouTubeを含めて、インターネットの他サービスでは、閲覧数や再生数に比較してコメントがほとんどつかないのがあたりまえです。ニコニコ動画と比較すると、一桁あるいは二桁ぐらいはコメントが少なくなるのです。

ひとつの理由はインターネット業界特有のＰＶ数などの水増し体質と比較して、ニコニコ動画を運営するドワンゴが伝統的に実態に近い再生数を表示することを好むからです。ニコニコ動画の再生数は他のネットサービスに比べると少なく表示されるのです。これはたんに、ぼくの趣味です。

ただし、それだけではなく、ニコニコ動画ではコメントする人がそもそも多いのです。その秘密は動画にコメントがオーバーラップして表示される仕組みにあります。

動画にコメントを重ねて表示する仕組みはニコニコ動画のサービスがスタートした当時は賞賛もされましたが、非常に批判もされました。動画にコメントが重なると、あたりまえですが動画の一部が見えなくなります。動画の作者が意図しない、コンテンツの改変になるのではないかというのです。実際にその通りで、ニコニコ動画のコメントシステムは動画を改変する機能を持っているのです。そして視聴者がコメントでコンテンツを実質的に改変できるという点が、ニコニコ動画でたくさんの視聴者がコメントする理由なのです。

動画をつくるとなるとそれなりに技術も時間も要求されますから、多くの人は動画投稿までは参加できません。でも、ニコニコ動画であればコメントを一行だけ入力することによってコンテンツをつくることに自分も参加できるのです。たんに客としてコンテンツを消費するだけであれば、なにもアマチュアのコンテンツに時間を使わなくても、プロのコンテンツを選べばいいのです。UGCがプロのつくったコンテンツを上回る魅力を持つとすれば、自分自身もコンテンツづくりに参加しているということなのです。

インターネット以前にあったアマチュアがつくったコンテンツ文化の代表として、日本にはコミケ(コミックマーケット)というものがあります。二〇一四年一二月に東京ビッグサイトで開催されたコミックマーケット87には、三日間で五六万人が来場しました。これは日本でおこなわれているイベントでも、いや、世界的に見ても、おそらく最大級の規模でしょう。

いったいなんのイベントかというと、基本的には同人誌の即売会です。アマチュアがつくったコンテンツがメインの展示即売会なわけです。なぜそれでそんな大勢の人が集まるのかというと、いろいろ理由はあるのですが、そのひとつは出展しているサークル数にあります。

参加者総数五六万人に対して、出展しているサークル数が三万五〇〇〇もあるのです。サークルのスタッフは複数人いますから、参加者の何人かにひとりは出展者でもあるということになります。また、出展者以外にも、友達が出展しているから見に来たという人も相当数いると思われます。

そう考えるとコミケというのは五六万人も来場するイベントでありながら、実は〝身内〟でやっているイベントの巨大な集合体であることが分かります。

実際にコミケの理念にもそれは現れていて、出展者であろうが、見に来た人であろうが、来場者のことはすべて「参加者」と呼ぶことになっています。参加者はすべて対等であり「お客様」は存在しないことになっているのです。

コンテンツのクリエイターと消費者の距離が近い、理想的にはゼロであり、コンテンツをつくることに参加しているという意識を消費者側も持っていることが、コミケの熱気の源泉になっているのです。コミケはリアルなイベントですのでネットサービスではありませんが、UGCサイトであるニコニコ動画もコミケとよく似た構造を持っています。コンテンツのつくり手と受け取り手の距離が近いのです。

コンテンツのつくり手とは、動画を制作し投稿した作者だけではないのです。だれもがコンテンツの受け取り手であると同時にコメントを投稿するだけで、コンテンツのつくり手側にも参加できるのです。プロではない、所詮アマチュアであるユーザがつくったコンテンツが盛り上がっている代表的な場であるコミケとニコニコ動画に、コンテンツのつくり手と受け取り手の距離が近いだけでなく、境界線も曖昧な状態が出現しているのは興味深いことです。

さて以上の説明のように、UGCサイトとしてのニコニコ動画においては動画だけでなくコメントもコンテンツのひとつと考えるべきだというのが、ぼくの考えです。

ニコニコ動画の場合にはUGCの構成要素として、動画の投稿者よりもむしろコメントの投稿者のほうが多いことが重要であるともいえるでしょう。

ひとつの音楽を発表する動画において、動画を投稿した人だけではなく、その動画にコメントを投稿する人もコンテンツのクリエイターとして巻き込むことによって、プロ以上に観客を動員できる構造を、ニコニコ動画はつくっているのです。

ＵＧＣサイトとしてのニコニコ動画にコンテンツのつくり手側として参加する仕組みは、動画投稿とコメント投稿以外にもあります。それは面白い動画を探して、その動画を宣伝することです。ネットでは、自分の支持する作品や考え方を熱心に宣伝することが盛んです。ともすれば工作員などと呼ばれて、批判されることも多いのですが、ＵＧＣサイトの運営を考えたときにボランティア的に活動してくれる熱心なユーザの存在は欠かせません。

コンテンツの〝発掘〟と〝宣伝〟という行為もまた、ＵＧＣサイトにおいてはコンテンツの重要な構成要素であると考えるべきです。コメントを投稿するという行為も、多くの場合はコンテンツの宣伝の一環としてされることが多いのです。

このようにＵＧＣサイトがユーザを動員できる最大の原動力は、コンテンツのクリエイター側としてユーザがさまざまなレイヤーで参加できる仕組みが備わっていることです。

ともすれば、ネットで発表される小説や音楽を評価する場合に、作品としての小説と音楽だけで判断しがちだと思います。しかし、ＵＧＣの場合には作品そのものよりも、むしろ作品をとりまくユーザの宣伝なども含めた環境こそがコンテンツの本体だ、と考えるべきではないでしょうか？　大勢のネットユーザを惹きつけている仕組みは、作品の周辺にこそあるのです。従来はコンテンツだとは意識されてこなかった、ユーザのさまざまな活動を、インターネットを使ってうまく組織化して経済効果を生み出すようにしたもの、それこそがＵＧＣの本質だと、ぼくは思います。

コンテンツとはそもそもなにか、という禅問答的な問いかけから議論がおこなわれている場に居合わせることがぼくには多々あるのですが、そういう議論は、あれもコンテンツこれもコンテンツと、どんどん定義が膨れあがって、世の中のすべてがコンテンツなんだという、あまり生産的ではない結論を導き出すことが多いのです。しかし、実際に世の中でコンテンツだと認識されているものと、抽象的で範囲の広大なコンテンツとの違いを分けるものは、経済活動が成立しているかどうかです。

インターネットが生まれる以前は、そういう意味でのコンテンツは、書籍、ＣＤ、ＤＶＤなどのいわゆるパッケージや映画、演劇、ライブコンサートなどの興行、テレビやラジオなどの広告産業などといった場所に存在していました。

ＵＧＣというと、クリエイターの主体がプロではなくユーザであるというアマチュアリズム的部分が強調されて理解されることが多いですが、アマチュアやインディーズといった世界はインターネットが生まれる以前にもあったわけです。インターネット時代に登場したＵＧＣが果たした画期的な役割は、経済活動が成立するコンテンツの幅を広げたという点にあります。それは、従来はコンテンツだと思われていなかった部分です。

したがってUGCの隆盛をプロ対アマチュアの構図で捉えるのはピントがずれている、というのがぼくの考えです。UGCで広がったコンテンツ、たとえばニコニコ動画のコメント文化などは、本来、動画そのものはプロがつくろうがアマチュアがつくろうが関係がないはずで、たまたまアマチュアがつくったコンテンツと結びついたと解釈するべきだと思います。

UGCはプロのコンテンツを凌駕するか

UGCがプロの作品を駆逐するという意見は最近はあまり聞かなくなりましたが、Web 2.0という言葉が流行した数年前は、ネットでよく見かけた主張でした。UGCがあればプロの作品はもはや必要ないと考える人の根拠は、大きく分けて次のふたつぐらいだと思います。

- UGCは無料で十分な質のコンテンツを十分な量だけ提供する。
- UGCは自由な創作活動が可能なので、コンテンツに多様性がある。

それぞれどれぐらいに確度が高い仮定なのか、考えてみましょう。

前者ですが、ＵＧＣは大勢のネットユーザがいろいろなコンテンツをつくります。もちろん素人がつくったコンテンツなので中身は玉石混淆《ぎょくせきこんこう》なわけですが、なにしろたくさんあるので玉といえる質の高いコンテンツも十分な数があるだろうというのが前者の主張です。

この主張が成立するポイントを考えてみましょう。大前提としてユーザがプロとあまり変わらないコンテンツの制作環境を、容易に準備できることが必要でしょう。

文章を書くということでは、パソコンとキーボードがあればもはやプロとアマチュアの差はないといえるでしょう。

音楽映像制作についてもプロとほぼ変わらないレベルの編集ソフトや機材を、個人レベルでそろえることができる時代になりました。

コンピュータプログラムにおいても、パソコンの世界であれば、個人でもプロが使っているような開発環境を構築するのはそれほど難しくありません。

確かに現在は、個人レベルで技術的にはほぼなんでもつくれる時代といえそうです。むしろ問題となるのは、コンテンツ制作のための作業量のほうでしょう。作業量が少ないものについては、ＵＧＣは割合にたくさんのコンテンツをつくれるのですが、作業量が多いとコンテンツをつくれるユーザの数は極端に減っていきます。

ＵＧＣでたくさんのコンテンツが作成されるためには、コンテンツ制作に必要な作業量がそれほど多くないほうが有利です。ニコニコ動画には二〇一五年五月時点で一二〇〇万本以上の動画が投稿されていて、その中にユーザがつくった自作アニメも多少は存在します。しかし、劇場用アニメ並みの六〇分以上あるような自作アニメは、一本も投稿されていません。個人でつくるのが大変なコンテンツは、やはりＵＧＣではつくるのが難しいのです。

では、ＵＧＣは自由につくれるので、コンテンツの多様性があるというふたつ目の指摘は本当でしょうか？

これについて、ぼくは非常に懐疑的です。アマチュアは自由に創作できるにもかかわらず、むしろ作品の多様性は失われる傾向にあると思います。たとえばネットサービスではありませんが、ユーザ主体の即売会であるコミケを例にとると、ほとんどの作品はパロディなどの二次創作であって、オリジナル作品は少数です。

商業作品と比較するとむしろ偏っているように見えます。ニコニコ動画についても同じで、どんな動画を投稿しても構わないのに、投稿されているジャンルには明確な偏りがあります。商業作品で人気のあるジャンルよりは、むしろ商業作品では存在しないジャンルにユーザは興味があるようです。

また、「小説家になろう」という有名なサイトには三〇万本以上の小説が投稿されているのですが、ランキング上位の作品は、異世界転生ものと呼ばれる、異世界に生まれ変わって主人公が超人的な能力を発揮して活躍するという似たような設定の作品ばかりです。

UGCサイトは商業作品と違って、作者が好きな作品を思うようにつくれるにもかかわらず、どうも多様性は逆に失われるように思います。その理由ですが、おそらくUGCの場合は、商業作品でやれないことや商業作品には存在しないことを題材とするのが、好まれるからだと思います。

商業作品と同じフィールドで勝負したら、既存のプロの作品のほうがやはり全般的には優れているので、アマチュア作品は必要ないということではないでしょうか。つまりUGCとはプロの作品と競合するというよりは、むしろプロの作品には存在しないニッチなテーマを埋めるものであるというのが基本なのだと思います。

以上、UGCとプロがつくった作品は、基本的にはあまり競合しない構造になっているということが、ぼくの結論です。やはり個人がつくるものには限界があるのです。個人でつくるUGCは、プロがつくる既存の商業作品ではカバーできないところを埋めるのが基本なのです。

さて、しかし、UGCには個人でつくるものばかりでなく、複数人で分担してコンテンツをつくるものもあります。UGCで複数のネットユーザがコンテンツをつくる例としては、オープンソースソフトウェアと二次創作によるコラボがあります。

こういったネットを利用した共同作業による創作というものの可能性はどうなのでしょうか？おそらくUGCから既存のプロがつくる作品を超えるものが生まれるとしたら、このあたりからでしょう。

オープンソースソフトウェアとはLinuxなどが代表的なのですが、ソースコードを全部公開して、ボランティアのスタッフによって、機能を追加したり、メンテナンスしているコンピュータプログラムです。オープンソースソフトウェアは非常に成功していて、もはや一私企業がつくれないような大規模なプロジェクトはいくつもあります。

ただし現在のところオープンソースソフトウェアが適用されているジャンルはかなり限定されていて、参加者がなにをつくるべきか共有できていて、かつ、わりと公的な性格を持つコンテンツでないとうまくいきません。エンターテイメントコンテンツや世の中にまだ存在しないシステムを試行錯誤しながらつくるのには、オープンソースソフトウェアは向いていないのです。

また、オープンソースソフトウェアのプロジェクトは増えてきてはいるものの、世の中にあるソフトウェアの数からすると非常に少なく、全部のソフトウェアがオープンソースになるというのは、あまり現実的な未来には見えません。

ユーザインターフェースのように、人間のセンスに左右されるものを決めるのにも、オープンソースソフトウェアは向いていません。現在のところ、ユーザインターフェースをあまり考えなくてもいい、サーバソフトウェアが普及の中心となっているのです。

ネットを利用した共同作業には二次創作というものもあります。これについてはどうでしょうか？　二次創作とは、すでにある作品の派生として新しい作品をつくることです。たとえばパロディなども二次創作です。

二次創作の利点はすでにある作品を元にしてつくるので、たとえば絵とか音楽をそのまま利用して自分の歌をくっつけるといった場合には、自分の歌の収録と編集作業だけで絵も描かず、音楽もつくらずに作品をつくることができることです。つまり実質的には共同作業なのですが、すでにあるものを利用するので、自分だけの作業でコンテンツをつくることができるのです。

二次創作は、個人の創作能力を最大限に発揮させるという意味では素晴らしい仕組みです。問題は権利処理です。二次創作を促進するためには、相手の許可なく、自分だけの判断で二次創作ができる仕組みにすることが望ましいですが、多くの場合、このような手法は著作権侵害となります。

UGCの発展において二次創作の扱いがどのようになるかが、今後のネットにおけるコンテンツ文化の大きなポイントになるでしょう。

ＵＧＣの進化

ＵＧＣというものは既存の商業コンテンツを置換するというよりは、足りない部分を補完する意味合いで発展し、ユーザを惹きつけているということを説明しました。とはいえ、それはきっかけであって、若年層においては商業コンテンツをほとんど利用せずＵＧＣを中心に消費するようなネットユーザが増えていることは事実です。

ＵＧＣは今後はどのように発展、変化をしていくのかを、ニコニコ動画を例にとり、そこですでに進行中のことを踏まえながら説明しましょう。

ニコニコ動画において、既存のコンテンツではできないインパクトをネットユーザに与えたものはなんだったか、整理すると以下のようなものでしょうか。

- コンテンツが無料で手に入る
- コンテンツのつくり手と受け取り手の距離が近い
- 自由な二次創作
- 手づくり感のあるコンテンツ

お金を払えといわれないコンテンツであり、自分たちと住む世界が違うアーティストではなく、自分たちと似たような仲間からクリエイターが生まれ、商業作品では許されないようなコラボも自由にできて、自分たちにもつくれそうなコンテンツをみんなで楽しむ。

ニコニコ動画が登場したときは、そういう見たことのないコンテンツの世界に、ユーザは興奮し熱狂し、コンテンツの未来をそこに見たのです。面白いことにそういうUGCがつくり出した特徴のほとんどすべては、次第になくなり、既存のコンテンツの世界に近づいていっています。ひとことでいうとネットユーザがつくり出した無料のコンテンツの世界であるはずだったUGCが、商業コンテンツ化してきたのです。ニコニコ動画の場合の商業コンテンツ化は、ニコニコ動画が本来持っていた匿名性が次第に失われ、有名無実化していく過程と同時に進行しました。

もともと、ニコニコ動画は動画やコメントの投稿は匿名でおこなわれました。動画を投稿するときも匿名でしたから、人気動画の続編が投稿されたとき、おそらく前の動画と同じ作者だろうというユーザの想像のもとに、ユーザが投稿主を呼ぶために匿名では不便なので、名前をつけるということがはじまりました。

これが、ニコニコ動画の匿名性が崩れていく最初のきっかけです。ニコニコ動画の投稿主のことを「××P」などと名前の後ろにPをつけて呼ぶ習慣がありますが、ニコニコ動画がはじまったばかりの何年間かは、この名前はファンにつけてもらうもので、自分で名乗るのは少し恥ずかしいことと思われていたのです。

このようにして有名動画投稿主というのが、次第に増えてきたのです。それとともに自分の好きな動画投稿主の動画しかチェックしないようなニコニコ動画ユーザが増えてきて、有名動画投稿主がスター化してきました。匿名性の高いUGCから、ユーザという名の有名アーティストたちによるUGCにだんだんと変化してきたのです。

そうなるとコミケのような即売会でCDなどのグッズを売ったり、ライブをしたりして、生活できるぐらいに収入を稼ぐ人がだんだんと増えてきました。本来は自由に二次創作をおこなう文化だったはずなのに、徐々にユーザ同士が明示的にコラボをするようになり、作者の許可を得ずに二次創作をおこなうと、非難されるようになりました。

あげくのはてには作曲者が、自分の曲をだれかがライブで歌いたいという場合に、自分のイメージに合わないと許可を出さないようなケースが出てきました。

JASRACに登録している楽曲の場合は、だれだろうがお金を払えば歌ってかまいません。プロの楽曲はほとんどJASRACに登録しているので自由にライブで歌うことができます。ところがニコニコ動画に投稿しているだけの楽曲だと、作者の許可が必要になって自由にライブで歌えない、そんな逆転現象が発生したのです。

プロのクリエイターよりもニコニコ動画に投稿しているアマチュアのクリエイターのほうが権

利者の力が強くなって、コンテンツを使いづらくなってしまったのです。

そして同じユーザだったはずのコンテンツのつくり手側と受け取り手側の距離もだんだんと離れてきて、クリエイターとファンの関係になりました。

ニコニコ動画のランキング争いがだんだんと派手になってきて、上位作品のレベルが上がっていき、素人がつくったような作品がランキングに入らなくなってきました。

クリエイター同士の仲良しグループや派閥のようなものが、次第に出てくるようになりました。まるでミニ音楽業界とミニ芸能界の誕生に立ち会っているようでした。こうして当初のニコニコ動画の特徴がどんどん消えてしまったのです。

このように商業コンテンツのアンチテーゼとしてユーザに捉えられていたUGCが商業コンテンツ化していくことは寂しくはありますが、当然の歴史の進化だろうと、ぼくは諦めています。おそらくコンテンツの発展の歴史とはこういうものなのでしょう。成功したUGCでは、スターが生まれて、新しい「コンテンツ業界」が誕生することはどうしても避けられないことのように思います。スターを生み出したUGCは、やがて、これまであったさまざまなコンテンツ業界の進化の歴史をふたたび再現して繰り返していくことになるのだろうなと思っています。

きっとそういうものだと思うのです。

14　インターネットが生み出す貨幣

二〇一四年、大きな話題となったのがビットコインです。通貨の概念を変える画期的な仮想通貨だと、もてはやす人があふれたのもネットではよくある話です。

何年か前に「セカンドライフ」というネット上の仮想世界が登場したときにも、同じような文句を聞いた記憶がある気がします。セカンドライフの通貨であるリンデンドル（L$）もビットコインも、いかに大きなお金が動いているかが、さまざまな観点から話題になって、報道されつづけたのも似ています。

従来からある言葉でも十分説明できるのに、新しい名前を与えて、さも完全に新しい画期的な概念であるように宣伝するのは、IT業界ではお馴染みの光景ですので、ビットコイン騒動に対しても懐疑的な目で眺めた人も多いでしょう。

この章では、実際のところビットコインとはどういうもので、なにが特徴なのか？　今後も流行るのか、それとも消えるのか？　もしビットコインが普及すると、いったいなにが起こるのか？　について、ぼくが考えていることを説明していきたいと思います。

ビットコインの登場は、よくいえば謎めいた神話に彩られています。悪くいうと、なかなかうさんくさい話です。まず発明したのは「ナカモトサトシ」と名乗る正体不明の人物です。つまりだれなのか分かっていません。日本人のような名前ですが、本当に日本人かどうかも分かりません。ニュースではロス近郊に住む日系人ドリアン・サトシ・ナカモトだという報道もされましたが、二〇一四年三月に本人は否定しています。

いずれにせよナカモトサトシと名乗る人物がインターネット上に発表した論文に基づき、二〇〇九年にサービスが開始されたのがビットコインです。

サービスを運営しているのはだれかというと、だれでもない、もしくはビットコインのソフトウェアを使用している全ユーザであるというのが、ビットコイン通を気取るインターネットの識者たちがよくする説明です。

これは若干、不誠実な説明であると、ぼくは考えています。正確にいうと、ビットコインの運用に関して主体的に責任を担おうという存在がいないということであって、現実にはビットコインのソフトウェアを作成した〝だれか〟は存在しているし、また、不具合があった場合は、過去何回か〝だれか〟がソフトウェアのバージョンアップもしています。ただ、その〝だれか〟というのがとても曖昧になっているのです。

ビットコインはオープンソースソフトウェアというかたちでインターネットにソースプログラムが公開されていて、たくさんの開発者が匿名のボランティアで開発に参加してつくられたことになっています。だから、だれがつくったのかがあまり明確にならないのです。もともとの作者とされるナカモトサトシ自身も最初は開発にかかわっていたとされますが、途中からいなくなりました。

それでもビットコインのサービスが止まるわけではありません。ソフトを配布してしまえば、開発者自身もコントロールできないのです。まあ、だからビットコインのサービスはだれのものでもないという説明がされるわけですが、このあたりは議論の余地があるところでしょう。

たとえば似たような構造はコンピュータウイルスにもいえます。コンピュータウイルスもいったん配布が始まれば、どのように広まるかは作者にもコントロールできません。

ですがコンピュータウイルスがパソコンに損害を与えたとして、開発者が責任を問われないかといえばそんなことはありませんし、たとえコンピュータウイルスをオープンソースソフトウェアとして匿名の集団で開発したところで、だれが開発したのかが分かりにくくなるだけで、責任をだれも取らなくていいということにはなりません。

もちろんビットコインはコンピュータウイルスとは違って悪意のあるソフトではありません。ソフトウェアの機能自体は通貨というよりは通貨ごっこをするプログラムですから、開発、配布することについて規制される可能性はほとんどないでしょう。そして規制しようとしても、どこで線を引いてなにを規制するのか、定義するのが非常に難しいでしょう。

だから、コンピュータウイルスと違って、ビットコインのような仮想通貨の開発、配布自体が違法となる可能性は低いと思われます。しかし、ビットコインをお金と交換したり、ビットコインを通貨のように財やサービスの対価、つまり決済手段として使用することには、なんらかの規制がされる可能性が十分にあります。

なにしろ、ほとんどの国では通貨の発行権は国が独占しています。通貨の発行権は国家権力の重要な基盤のひとつですから、当然、ビットコインが既存の通貨の機能を代替することを、国家は歓迎しないでしょう。

ビットコインの可能性を礼賛する人たちが、ビットコインはだれにも所有されていないし、コントロールされていないことをことさら強調するのは、国家によるなんらかの規制が十分に予想しうるという状況の中でなされている説明であることに、留意する必要があると思います。

ビットコインはだれのものでもないという説明は、いったい、どれほど正しいのでしょうか?

ビットコインの仕組み

　ビットコインが巷間でいわれているほど中立的な存在なのかを検証する前に、まずはビットコインの仕組みについて簡単に説明しましょう。

　ビットコインは中央銀行のような中央機関が存在しないことが、最大の特徴とされます。Ｐ２《ピアツー》Ｐ《ピア》ソフトと呼ばれるタイプのソフトウェアですので、サーバを介在せずに、ユーザ同士が一対一で通信する仕組みです。

　一対一の通信をする場合に、Ａさんがビットコインを一ＢＴＣ（ＢＴＣはビットコインの通貨単位）持っていてＢさんに送るときにはどうすればいいでしょうか？　実はＡさんの財布に入っている暗号化された一ＢＴＣをＢさんが受け取ってＢさんの財布に入れること自体は簡単なのです。

　難しいのは、ＡさんがＢさんに送った一ＢＴＣをきちんとＡさんの財布から減らすということです。サーバが介在する場合には、これは簡単です。サーバ上のデータとしてＡさんとＢさんの財布を管理しておいて、Ａさんの財布から一ＢＴＣを減らし、Ｂさんの財布に一ＢＴＣを増やせばいいだけです。

　でもビットコインはＰ２Ｐソフトですから、サーバはありません。Ａさんの財布はＡさんのコンピュータにあって、Ｂさんの財布はＢさんのコンピュータにあります。Ａさんの財布にある一

ＢＴＣをＢさんが受け取ることは可能ですが、Ａさんのコンピュータがちゃんと Ａさんの財布から一ＢＴＣを減らしたかどうかを確認する方法がないのです。

なにしろ別々のコンピュータですから、Ａさんのビットコインのソフトウェアが改造されていて、Ｂさんに送ったふりをしているだけかもしれません。財布を管理するサーバがなくて、財布をたくさんのクライアントコンピュータで別々に管理していると、こういう問題が起こるのです。

これを解決するためにビットコインは、取引データをビットコインに参加しているコンピュータのすべてで共有することにしています。つまりＡさんがＢさんに一ＢＴＣを送金するためには、他のビットコインに参加している全部のコンピュータに、ＡさんがＢさんに一ＢＴＣを送ったという事実を報告しないといけないのです。

それでＡさんが一ＢＴＣをＢさんに送ったあと、同じ一ＢＴＣをＣさんに送金しようとしても、Ｃさんはすでにその一ＢＴＣがＢさんに送ったものであることを知っているので、Ａさんは送金できないという仕組みになっているのです。

さて、ここまでの説明でビットコインの重要な特徴がひとつ理解できると思います。ビットコインのようにＰ２Ｐソフトで仮想通貨のやりとりをするのは、サーバ上で仮想通貨のやりとりをするのに比べて、とても遅くて効率が悪いということです。

なにしろひとつの取引をするだけでも、ビットコインのネットワーク上にある全部のコンピュータと通信しないといけないので、ビットコインが普及して、ネットワークがどんどん拡大していけばいくほど、一回のビットコインの取引に必要な通信データ量も比例して増えていくようになるのです。

そしてたくさんのコンピュータで同じデータを持たなければならないので、そのためにかかる時間も増えていきます。

ビットコインは速くて安く取引ができるということがよく宣伝されています。いったいなにと比べれば、そんなことを主張できるのかさっぱり分かりませんが、仮想通貨の決済システムのネットワークアーキテクチャとして考えると、ビットコインのようなP2Pソフトで構築するよりも、サーバで集中処理するほうが、明らかに高速だし、最終的にはコストも安くなります。ここはとても重要なポイントだと思いますが、あまり指摘されていません。

コストについてはP2Pソフトの場合は、ビットコインのユーザのコンピュータがボランティアとして参加するので、サーバがいらないから安いんだという主張もありますが、これは間違いです。P2Pソフトで有名なWinnyなどのファイル共有ソフトもそうなのですが、インターネット全体で見ると、無駄な通信が膨大に発生して、インターネットプロバイダなどのインフラを提供している会社が、代わりにコストを払うことになるだけなのです。しかもかなり余計に払うので、インターネット全体で考えると大変に非効率なのです。

非効率なのは通信費用だけでなく電気代についても同様です。社会全体で考えるとビットコインのシステムは大きな電気代を必要とします。

それでも、ビットコインの利用者側が支払わなくて済むなら、それでいいじゃん、という自分勝手な考え方もあるのですが、それすらもビットコインのネットワークが拡大すると成立しなくなります。これについてはあとで詳しく説明しましょう。

さて、もうすこしビットコインの仕組みについての説明を続けましょう。

P2Pソフトによる仮想通貨の決済は、とても効率が悪いという話をしました。決済の処理を一件ごとにおこなうとあまりに効率が悪いので、根本的な解決にはなっていないのですが、ビットコインでは多少なりとも効率を高める仕組みとして、だいたい一〇分ごとに取引をまとめて一ブロックにし、取引が成功したというメッセージとして各コンピュータに送る仕組みになっています。ビットコインの取引が終了するのにだいたい一〇分かかるのですが、それはこのためです。

では、この取引をまとめた一ブロックを送信するのは、だれでしょうか?

実は早い者勝ちなのです。これがビットコインでよく聞く採掘《マイニング》という作業になります。たんに早い者勝ちというだけでなく、ちょうど一〇分ぐらいで解けるように設定された問題を最初に解いたコンピュータが、それまでに自分が受信した取引を、取引が成功したと報《しら》せるために全部ブロックにまとめて送信するのです。

そして採掘した報酬として、二五BTC（二〇一五年現在）分のビットコインが新しく発行されて、無料でもらえます。このように、各コンピュータがビットコインネットワークに送信した取引データを一定間隔でとりまとめて、計算問題を最初に解いたコンピュータが取引成功の証として送ることができ、なおかつ無料でビットコインが発行されてもらえる、というのが、ビットコインの革命的な発明だといわれている工夫の核心部分になります。

ぼくが指摘したいのは、この部分は通貨システムの性能的にはむしろめちゃくちゃ効率が悪いということです。これは性能の優位性ではなく、次のようなイデオロギー的な優位性を主張しているのだと解釈すべきだと思います。

①　通貨の発行権がすべてのコンピュータ＝ビットコイン利用者にある。

②　ビットコインネットワークを維持するための取引の認証作業の対価として、通貨の発行権が与えられる。

通常のビットコインの説明だと、このあと、このブロックのつながりであるところのブロックチェーンの仕組みとか、偽造されるなどして複数のブロックチェーンが存在した場合には長いブロックチェーンを信頼するという決まりがあって、なぜなら長いブロックチェーンをつくるためには、より多くの計算力を持ったコンピュータ群が必要だからというプルーフ・オブ・ワークという考え方が紹介されるのが通例です。しかし、このあたりの説明は冗長だし、ビットコインとは何かを理解するのには、まったく必要がないので省略します。要するにこれらの話からビットコインが素晴らしいと主張する人がいいたいことは、以下の内容でまとめられます。

③　ビットコインの利用者が増えれば増えるほど、ビットコインネットワークへのハッキングは困難になるので、取引履歴の改ざんは起こらないだろう。

ということなのです。

この①②③が権力に支配されない自由であり、ユーザ自身が所有する民主的な仮想通貨という、漠然としたビットコインのイメージをつくるイデオロギー的根拠になっているのです。

中央銀行に独占されている通貨発行権が民主化されるだけでなく、ちゃんと通貨を流通させるための仕事の正当な対価として通貨は発行されるのであり、そういった作業に従事するみんなの努力の結果として、この通貨のシステムは守られるのだというわけです。

イデオロギー的なとぼくが書いている理由は、別に①②③は仮想通貨システムを設計する場合に、システムの効率を考えると、どれもこの方法でなければならないという必然性は特にないどころか、むしろ効率が悪い設計になっているからです。これらの①②③はシステムの設計として優れているわけではなく、ビットコインは特定のだれかに支配されていない中立な存在であるという主張を説明するのに都合のいい設計になっているだけなのです。

仮想通貨のシステムを設計するうえで、通貨の発行権を特定のだれかが独占していても、システムの運用上、特にさしつかえはありません。

ただ、ユーザは通貨の発行者をずるいと思う可能性があります。①のように通貨発行権が民主化されていたほうがいいのは、そのほうがユーザが納得してビットコインを積極的に利用する場合でしょう。

その場合は、①のように通貨発行権が正当な仕事の対価として与えられているとユーザが思うことも重要でしょう。

そして③のようにビットコインのユーザ全員で不正利用から守るんだという説明も、ビットコインのユーザの参加意識を高めるのには効果があるでしょう。

いずれもビットコインが中立な存在であると、ユーザが支持をする大義名分として働く要素であって、決済用の通貨のシステムとしてビットコインが優れているかどうかとは関係ありません。

そういう意味で①②③は、ビットコインが中立であるというイデオロギー的な主張の根拠となる部分であるためにだけ存在していると、ぼくは解釈しています。

ビットコインは本当に中立なのか?

ビットコインが中立だという主張の根拠は、先の①②③以外にもあります。ひとつはビットコインの通貨の発行上限が二一〇〇万BTCと決まっていることです。二一〇〇万BTCをどのように発行するかは、以下のようなロジックで決まります。

高校数学程度の知識があればすぐに分かるように、これは二一〇〇万BTCに収束する簡単な等比級数になります。無限の時間をかけて二一〇〇万BTCに限りなく近づいていくわけで、二〇四〇年に二一〇〇万BTCが全部掘り尽くされるというような記事をたまに見かけますが、正確には間違いです。

二〇四〇年段階だと〇・二%ぐらいは、まだ、掘っていないビットコインが残っていますので、九九・八%のビットコインが掘り尽くされるというのが正確な表現でしょう。

ビットコインの総額二一〇〇万BTCの通貨発行手順

- まず、最初の四年間(正確には少しずれる)で半分の一〇五〇万BTCを発行する。

・次の四年間(同右)で残った半分のさらに半分の五二五万BTCを発行する。
・以下、同様に四年間ごとに残った半分のさらに半分のビットコインを発行する。

四年間というのは、正確には二一〇万分のことです。先ほどの説明でビットコインは平均一〇分ごとに取引をまとめたブロックをつくって確定させることを説明しましたが、このブロックが二一万回つくられると、ビットコインの発行数が半分になるのです。それが平均一〇分×二一万回で二一〇万分となり、約四年間になるのです。

ですから、一ブロック(＝平均一〇分間)あたりに発行される新しいビットコインは一〇五〇万BTCを二一万回で割った五〇BTCとなります。二〇一五年現在は、二回目の四年間に入っているので、一ブロック(＝平均一〇分間)あたりに発行されるビットコインは二五BTCとなっています。

このようにビットコインの発行上限が決まっていることが、ビットコインが中立であることのもうひとつのイデオロギー的な論拠になっています。

④　ビットコインは発行の上限が最初から決まっているので、中央銀行が紙幣を大量に発行することでインフレになるようなリスクがない。

要するに国家と違って財政破綻などにより価値が暴落することがないというわけです。そういうわけで、特に国家財政の基盤が脆弱な新興国では、国の通貨よりもビットコインのほうが安全であり、信用されるんじゃないかという説が出てきているわけです。

この通貨発行額の上限が決まっているビットコインのシステムを、作者のナカモトサトシは埋蔵量に上限がある貴金属の金になぞらえており、そのため、新しいビットコインを通貨発行するためにビットコインのユーザが取引の認証作業に協力することを、採掘《マイニング》と呼んでいます。

中央銀行がその気になればいつでもいくらでも増やせる信用貨幣と違って、公開されている数式に基づいてしか増えなければ、最大の発行額も二一〇〇万BTCまでと決まっているビットコインは安心であるという主張でしょう。

さて、ここまで説明してきた①②③④は、結局は、ビットコインは中立であり、特定の国家や中央機関に支配されないので、既存の通貨よりも素晴らしいというイデオロギー的な主張に帰着します。

ここはネット企業の経営者のはしくれとして強調したいところですが、効率性から考えると仮想通貨はP2Pソフトでなく、巨大なサーバで一元管理をしたほうがはるかに効率がいいのです。なぜ、性能の悪いP2Pソフトで構築された仮想通貨であるビットコインがもてはやされるかというと、サーバで管理された仮想通貨なんていうものは、サーバソフトの運営者がもろに通貨を発行しているのと同じですから、日本も含めて、ほとんどの国で違法になるからです。

そして、サーバで一元管理する仮想通貨が違法で、ビットコインは合法になりうるのだとすれば、まず、だれが責任者か分からないという現状から目を背ける口実としても、それはビットコインは中立だからむしろ既存の通貨よりも素晴らしい（少なくとも一面がある）、というイデオロギー的な主張と結びつかざるをえないのです。

ですから、ビットコインは本当に中立なのかという点については、深く検証する必要があるでしょう。ぼくの意見では、それは大いに疑わしい。その理由はまさにP2Pソフトで構築する仮想通貨の効率が、サーバでやるよりもとても効率が悪いことに起因します。ビットコインの仕組みは、このままではすぐに破綻するのです。

ビットコインは本当に使われているのか？

実はビットコインは決済用の通貨としては、ほとんど使用されていません。Coinmap.orgというサイトを見ると全世界でビットコインが使える店は二〇一五年五月二日時点で六四九八店、日本だと五四店になります。これが多いか少ないかでいうと、多いとはとてもいえないでしょう。

多くはビットコインが便利だから支払いできるようにしたというよりは、宣伝目的でビットコインが使えるようにしたというのが実態でしょう。

また、現在だけでなく、今後も現状のビットコインの使用がそれほど増えることはありません。実際、ビットコインは決済用の通貨としては大きな欠陥があるのです。決済に時間がかかりすぎるのです。先ほど取引が認証されるまで平均一〇分かかるといいましたが、標準的なビットコインの財布の実装では、一ブロックだけでは本当に成功したのかが分からないため、連続する六ブロック＝一時間ほどが無事に経過してはじめて入金されたビットコインが使用されることになっています。

要するに念をいれる場合は、取引が終了するまで一時間かかるわけです。このように、取引にいちいち時間がかかるのがP2Pソフトで動作する仮想通貨の欠点です。サーバで管理した仮想通貨だと、おそらく数秒もかからないでしょう。

ビットコインによる寄附などを受け付けているサイトもありますが、これもビットコインが通貨として認められたということではなく、ビットコインの取引所などが整備されてきていて、米ドルなど現実の通貨との換金性が高いからでしょう。

わざわざビットコインを使ったほうが便利である、という使い方はなかなかないのです。比較的まともなものでいうとビットコインを経由した海外への送金などは、意味がある場合もあるかもしれません。ほかに便利そうな使用目的としては、ビットコインの取引の匿名性が高く追跡が難しいことを利用した、違法な商品の売買や、マネーロンダリングぐらいしか思いつきません。ただ、ビットコインの取引所を運営している業者などは、ビットコインの取引でマネーロンダリングなどの違法な目的によるものは、ほんの一部だと主張しています。

では、違法ではない目的での取引はなにかというと、実はビットコインを売買することそのものです。実際のところ、ビットコインは通貨というよりは投機対象として盛り上がっているのです。

ビットコインなどの仮想通貨が注目されるなかで、ビットコインの持つ上限二一〇〇万BTCという仕組みが通貨としての信用性を超えて、投資対象としての信頼感を生んだのです。ビットコインへの需要が拡大していくスピードに対して、ビットコインの通貨の供給量は四年ごとに半分になっていくわけですから、ビットコインの希少性は加速度的に高まっていきます。ビットコインの価値はビットコインが使われれば使われるほど、どんどん上がっていくと予想されているのです。ビットコインの仕組みは、通貨としてはデフレーションを引き起こすモデルなのです。

結果として将来的なビットコインの価値の高騰を見込んだ投機資金がビットコインに流入し、ビットコインの価格は乱高下をくりかえすこととなります。この価格が乱高下して安定しないということが、ビットコインの決済通貨としての有用性を下げていて、ビットコインの将来性について否定的な見方を生む原因のひとつとなっています。

結局、ほとんど、投機対象として盛り上がっているビットコインの取引ですが、実際、どの程度の量の取引がされているのでしょうか？

ビットコインの取引は平均一〇分間で一ブロックとしてまとめられるわけですが、一ブロックあたりで処理される取引数は、だいたい四〇〇件から五〇〇件ぐらいです。一秒あたりに処理する取引数はｔｐｓという単位が使用されるのですが、〇・七〜〇・八ｔｐｓということになります。世界的に話題になっているビットコインとしては、とても少ない数字に見えます。

ちなみに世界的なクレジットカード会社のVISA Inc. の二〇一三年度の決算報告書によると、二〇一三年九月までの三ヶ月に処理した取引数は約一五五億回におよび、単純に一秒あたりに何回かを計算すると二〇〇〇ｔｐｓぐらいになります。ビットコインより下手すると三〇〇〇倍近く多いわけですが、まあ、多いのはともかくとして、たとえばビットコインがどんどん普及していってVISAぐらいに使用される時代がもしも来たとして、Ｐ２Ｐソフトであるビットコインはそんなに多くの取引を捌《さば》けるのでしょうか？

ビットコインの性能限界

ビットコインの標準的な実装では、一ブロックあたりのデータ量の上限は一ＭＢとなっています。一回の取引あたりのデータ量は平均三五〇バイトぐらいですので、一ブロックあたりに処理できる取引数は、だいたい三〇〇〇件ぐらいとなっています。一秒あたりにすると、五ｔｐｓぐらいですから、VISAの六〇〇〇ｔｐｓなど、とんでもなく無理です。むしろ、すでに現在でも平均で〇・八ｔｐｓぐらいありますから、一時的に取引が集中したりする場合は、五ｔｐｓぐらいは超えてしまう可能性が十分にあります。実はビットコインの取引処理能力はすでに限界に近いところまできているのです。

その割にはあんまり騒ぎになっていないようなのですが、どういうことでしょうか？　この問題を解決する手っ取り早い方法は、一ブロックあたりのデータ量の上限を一ＭＢから増やすことだと思うのですが、そういう変更をビットコインはできるのでしょうか？

あまり知られてはいないのですが、ビットコインの仕様を変更したり、もしくはバグを修正するには、ビットコインのクライアントソフトウェアをバージョンアップすればいいのです。

ただ、ビットコインはＰ２Ｐソフトなので、バージョンアップしたクライアントとバージョンアップしていないクライアントが混在して動作することになります。そうするとバージョンの違いによって、動作が異なるという問題が発生します。

ブロックごとのデータ量の上限を増やすなんていう変更をするためには、すべてのクライアントの修正がおそらくは必要になると思いますが、そういった場合は、古いバージョンのクライアントソフトウェアを使っているコンピュータは、ビットコインの新しいクライアントソフトウェアに接続しようとしても不正アクセスとして、接続できないようにする必要があります。

そうなると古いバージョンのクライアントソフトウェアでできたビットコインのネットワークと、新しいバージョンのクライアントソフトウェアでできたビットコインのネットワークと、二種類が同時に存在することになります。

そのときに消えていくのは、数が少ないビットコインのネットワークでしょう。ということで大幅な仕様を変更する場合は、ビットコインのクライアントソフトウェアのバージョンアップを慎重におこなう必要があります。できるだけ多くのビットコインのユーザに、バージョンアップをしてもらう多数派工作が必要なのです。

そのためには、瞬間で多数のユーザにバージョンアップ版に切り替えてもらうのは困難ですから、X月X日から動作が変更するような時限プログラムを埋め込んだバージョンアップ版のクライアントソフトウェアの配布を事前に開始しておき、X月X日までにできるだけ多くのユーザに切り替えておいてもらうという作業が必要になります。

逆にこういう手順を踏めば、ビットコインの仕様はいくらでも変更は可能なのです。ぼくがビットコインは中立であるという言説に違和感を覚える理由のひとつは、ここにあります。ビットコインユーザを納得させるやりかたが見つかれば、上限の二一〇〇万ＢＴＣを超えてビットコインを発行することも将来的にはありうるということです。

話が大分横道にそれましたが、元にもどしましょう。ビットコインのクライアントソフトウェアの仕様を変更してバージョンアップすれば、一ブロックあたりに捌ける取引量を増やせるという話でした。

まあ、それはそうするとしましょう。でも、次の疑問は、上限を撤廃して、取引量が増えていくと、ビットコインに参加しているコンピュータに必要なデータ通信量がどんどん増えていきます。どこまで増やせるのでしょうか？

VISA並みの六〇〇ｔｐｓを目指すとすると、平均二四Ｍｂｐｓぐらいのデータ通信量が必要です。地上波デジタル放送のストリームを送信と受信の双方向でリアルタイム配信しつづけるぐらいのデータ通信を、すべてのビットコインに参加しているコンピュータが二四時間やりつづけるというイメージになります。

たとえ自分はいっさい取引をしていなくても、通信は途切れません。Ｐ２Ｐソフトで構築する仮想通貨の効率が、いかに悪いかが分かると思います。

ちなみにビットコインに新たに参加するコンピュータは、いままでの取引履歴を共有のために一挙にダウンロードする必要があります。これが現在二〇GB近くあるそうで、高速なインターネット回線を使用してもダウンロードに半日かかるそうです。これが、取引量がもしVISAクラス――いまの一万倍とかに増えたらと計算すると、二〇〇TBくらいになるのでしょうか？　たとえ、ビットコインのクライアントソフトウェアをバージョンアップして仕様変更できたところで、根本的にP2Pソフトのやりかただけでは、仮想通貨のシステムなんてまともには動作しないということが分かります。

いずれビットコインがどんどん盛んになっていけばいくほど、ふつうのユーザがビットコインネットワークに参加することが現実的ではなくなってくるのです。実際、クライアントソフトウエアの中には、過去の取引履歴の最低限必要なものしかダウンロードしないSPV（Simplified Payment Verification）と呼ばれる方式を使ったものも登場しています。

ビットコインが安定して発展していくためには、このP2Pソフトが持つスケーラビリティの問題、要するに参加者と取引量が増えた場合にどうするかを解決する必要があります。その鍵は取引所にあるというのが、ぼくの意見です。

取引所とはなにか？

マウントゴックスの破綻によって日本でも存在が知られるようになったビットコインの取引所とは、一体なんでしょうか？　これは簡単にいうとビットコインと米ドルなどの現実の通貨を交換する場所です。お金を出してビットコインを買うか、ビットコインを売ってお金をもらうかのどちらかをするところと考えれば間違いはありません。

ビットコイン自体は規制すべきではないが、取引所はなんらかの規制をすべきだというのが、日本に限らず米国など世界の趨勢《すうせい》でもあるようです。ビットコイン取引所のどこが問題なのでしょうか？

まずビットコインがお金と同じ価値を持ち始めたのは、そもそも取引所が存在してビットコインをお金に換えられるようになったからです。ビットコインそのもので買えるものなんてほとんどありません。

結局はビットコイン取引所があって現実のお金と交換できるから、ビットコインは価値を持つのです。だいたい現在のところ、ビットコインが盛り上がっているのは主に投機として売買の対象になっているからなので、ビットコインが本当に使用されている場所は、ビットコインのネットワークの中というよりは、ビットコイン取引所の中なのです。

ビットコインが盛り上がっているわりに取引数が少なくて、一秒に一回もないという話は先ほどしました。投機の対象としてビットコインの取引が過熱していると報道もされていることを考えると、ビットコインの投機のための取引だけで考えても平均して一秒に一回もないというのは少なく感じます。この疑問は正しくて、取引所で取引されているビットコインの大部分は、ビットコインのネットワークには履歴が残らないのです。

そもそも取引所とは、どういう仕組みなのでしょうか？

たとえば米ドルとビットコインを売買するというと簡単に思えますが、ビットコインの取引というのは一回に一〇分くらいかかり、しかも、先ほど説明したように一時間ぐらい待たないと本当に成功したかどうかは分からないとされています。一〇分だけだと、ハッキングされたり、もしくは偶然にたまたまブロックが同時に二個生成されることが、無視できないぐらいの確率で起こりうるからです。

その場合はその後もブロックの生成に長く成功したブロックだけが有効になり、残りのブロックは取り消されるため、どこかから送金してもらったはずのビットコインが取り消される可能性があるのです。このため、標準的な実装だと一時間ぐらい待たないと、使ってはいけない＝さらにどこかに送金してはいけないことになっています。確率はとても低いですが、一時間でも足りない可能性も、理論的にはありうるというのがビットコインの仕組みなのです。

何度もいいますが、P2Pソフトでビットコインがつくられている以上はそうなるのです。そういう仕組みの中で取引所をどうやって実現しているのかというと、実は取引所はいったん取引所の口座にビットコインを振り込んでもらって、ビットコインを預かっているのです。同様に現金も振り込んでもらって預かるのです。

そして預かった米ドルとビットコインを取引所の中で売買しているのです。これは要するにビットコインを預かっているという名の下に、取引所のサーバ内でつくられたビットコインの口座間で取引しているということなので、実はビットコインのネットワークの外でおこなっているのです。

ビットコインのネットワークで取引がおこなわれるのは、取引所にビットコインを入金するときと出金するときだけなのです。だから入出金しなければ、いくらビットコインを売買してもビットコインのネットワークに取引情報は流れません。取引所内でどのような取引がされているかはビットコイン以上にブラックボックスになりうる構造なのです。

世界の各国でビットコインをどう扱うかが問題になっていますが、多くの国でビットコインそのものよりも、取引所に対する規制をどうするかが議論されているのは当然のことだといえるでしょう。ビットコインがマネーロンダリングの温床だという指摘はありますが、もし、モラルの低い取引所が存在した場合は、本当にマネーロンダリングなんてやりたい放題になるのです。また、マウントゴックスの問題で明るみに出たように、取引所に預けたビットコインが本当に存在するかについては、分からないのです。

　取引所で取引しているビットコインとはビットコインそのものでなく、ビットコインの預かり証のようなものなのです。

　世の中でビットコインの解説は、P2Pソフトとしてのビットコインがどのように動作するかが中心となっていますが、少なくともビットコインが現実の経済圏に影響を及ぼし始めているという文脈における説明のときには、取引所の中でビットコインがどのように取引されるかの話なしには、むしろ理解に混乱を与えているのではないかと思います。

　さて、取引所内での取引は、P2Pソフトとしてのビットコインの取引とは切り離されているという説明をしました。これは別の言い方をすると取引所でのビットコインはP2Pソフトで管理された仮想通貨ではなく、取引所専用のサーバで管理された独自の仮想通貨であると考えることもできます。

　金本位制の中央銀行のように、ビットコイン本位制の中央銀行として取引所は機能しているということです。取引所の口座に持っているビットコインはビットコインそのものではなく、取引所がビットコインと交換することを保証した仮想通貨だということです。

　これはたんなる比喩《ひゆ》ではなく、ビットコインが本当に普及するのであれば、取引所はそういう存在として、ますます進化をせざるをえないだろうというのが、ぼくの予想です。

ビットコインの未来

これまでの要点をまとめます。

・ビットコインは決済のための通貨としては認証が遅くコストも高いので適さない。
・ビットコインは大量の取引データを処理するのには向かない。
・ビットコインが普及していくと、個人のコンピュータが参加するのは困難なぐらいにデータ通信量や共有する過去の取引履歴のデータ量が肥大化する。
・性能、処理能力を考えた場合には仮想通貨のシステムはP2Pソフトではなくサーバ型で構築すべきである。
・仮想通貨をサーバ型で構築するのではなく、P2Pソフトで構築するのは、根本的には法律で規制されないためである。その際にビットコインは中立な通貨であるというイデオロギー的な主張が付随している。
・現状でもビットコインの取引量は限界に近づきつつあり、クライアントソフトウェアのバージョンアップで対応されるだろう。
・ビットコインの仕様はクライアントソフトウェアの仕様を変更し、普及させることができればいくらでも変更が可能。
・取引所でのビットコインの取引は、ビットコインのネットワークから切り離されている。
・取引所はビットコインを売買しているのではなく、ビットコインと交換できる権利を売買しており、ビットコイン本位制のサーバ型の仮想通貨を発行しているとみなせる。

今後、ビットコインが普及するかしないかについては分かりませんが、普及するとすれば、必然的にこうなるだろうという未来予測をしてみましょう。クレジットカードのように便利かつ頻繁に使用されるビットコインが成立するとすれば、P2Pソフトが提供する本物のビットコインではなく、取引所が提供するサーバ型のビットコインと交換できる権利が、ビットコインそのものであるかのように使用されるようになるだろうということです。

これは技術的な三つの決定的理由でそうせざるをえません。決済時間が遅くなることと、P2Pソフトでは大量の取引を同時に捌けないこと、決済用のコンピュータに要求される通信量や計算量などの能力が大きすぎて割にあわないこと、からです。

また、ビットコインがP2Pソフトを用いて構築される仮想通貨であるがゆえの性能の限界は、ビットコインの中立性を主張する根拠となっている前述の①②③④のような事柄についても、見直しを迫ることになります。

まず、ビットコインのネットワークに参加するコンピュータは取引数の増大にともなって、寡占化されていきます。一般の家庭用コンピュータが参加するのはだんだんと難しくなっていきます。すでにビットコインの新規通貨発行システムである採掘《マイニング》は、家庭用コンピュータではほとんど成功しなくなっていて、マイニングプールと呼ばれるビットコイン採掘専用のＡＳＩＣ（集積回路）を積んだコンピュータを集めたデータセンターがほとんどのシェアを占めます。blockchain.info というサイトによれば、二〇一四年三月時点では GHash.IO, Eligius, BTC Guild, Discus Fish の上位四つのマイニングプールのシェアを合わせると全体の約七割を占めています（なお二〇一五年五月時点では、シェア上位の企業は大きく入れ替わっています）。

ビットコインの仕組みに参加できるコンピュータは、ビットコインが普及すればするほど少なくなるという構造があるのです。最終的には利便性を考えると、本来のビットコインの仕組みは少数のマイニングプールと、それぞれがビットコイン本位制の中央銀行と化した取引所間だけで使用されることになるのではないかというのが、ぼくの予想です。

また、そうでなければビットコインの仕組みは性能的に破綻するのです。その過程ではビットコインのクライアントソフトウェアの大幅な仕様変更も発生すると思われます。ビットコインの仕組みは中央機関が存在しないため変更できないように思われていますが、実際はクライアントソフトウェアの仕様を一斉に変更することで可能です。

よく多数決だといわれていますが、客観的に必然性のある理由にもとづく仕様変更であれば、ネットワークの中で重要なコンピュータである取引所や主要マイニングプール、ビットコインの推進団体であるビットコイン財団あたりが合意できれば、おそらくは上限の二一〇〇万ＢＴＣも含めて変更は可能でしょう。

客観的に必然性のある理由としては、再三いっている性能的な限界というのが、当面は非常に説得力のある仕様変更の理由になりえます。また、逆に性能的な限界が変更できないのだとしたら、それはそれで取引所がビットコインの決済を代行して中央銀行化する正統的な理由としての後押しになります。

最終的には、仕様変更も中央銀行化も両方必要になるでしょう。そして、通貨としてのビットコインが使いにくい理由として投機による急激な価格変動が挙げられていますが、その原因である通貨供給量が十分でない問題も、同様に取引所が代替する（保有ビットコイン以上の独自仮想通貨を発行する）か、ビットコインの二一〇〇万ＢＴＣの上限を変更するかの二択の解決策の間でゆれ動きながら、最終的には両方とも実行されることになると思います。

そういうビットコイン本位制の中央銀行間が使用する、どちらかというと性能の悪い決済システムとなったビットコインは結局のところ、歴史的には政府から民間に通貨発行権が移行するイデオロギー的な大義名分を与えた存在だったとして評価されるのだろうと思います。

そうしてビットコインが自慢する画期的なＰ２Ｐの取引の仕組みは、政府から通貨発行権を認めてもらうまでの方便として有効な間しか使用されず、結局はサーバ型のシステムに代替される運命なのです。

まあ、もちろん、すべてはビットコインが仮想通貨の本命として生き残った場合の話ではあります。ビットコイン以外の仮想通貨が同じような位置を占める可能性も、もちろんあるでしょう。しかしながら、ぼくとしての本命的な予想をいうと、結局、グーグル、アップル、アマゾンの三社が独自の仮想通貨を発行するための踏み台として、機能することになるのではないかと思っているのです。

15　リアルとネット

ネットとリアル、この本の中でも何度も登場するキーワードです。

ネットとリアルという言葉を対立概念として使うのは非常に便利なのですが、ぼくがこの二項対立を使ったインタビュー記事がネットに掲載されると、毎回のように「ネットとリアルに境界はない。ネットとリアルは地続きであり、ネットはリアルの一部である」というような反論のコメントを、Twitter やはてなブックマークに書き込む人が現れます。

ネットとリアルを分けて考えたほうが説明しやすいのだから、反論自体は的外れだと思うのですが、しかし、ネットはリアルの一部であるという主張は、それはそれであたりまえに正しい真実でもあるでしょう。ネットとリアルを分けて考える必然性、有用性といったものは、いったい、どこから来ているのでしょうか？

そもそもリアルというワードにネットを対応させるのは、おそらくは日本語的な表現であって、リアルマネーに対するバーチャルマネー、リアルワールドに対するバーチャルワールドといったように、リアルという言葉にはバーチャルを対応させるのが本来はふつうでしょう。

しかし、リアルとバーチャルの融合と表現するよりは、リアルとネットの融合としたほうが、なんとなくしっくりくるようにも思えます。リアルとネットという言葉に世の中の人々はどんなイメージを持つのか、そしてリアルとネットという言葉を使う側は、どういうニュアンスを表現しようとしているのでしょうか？

リアルとネットという言い回しには、リアルにとってネットは異質で理解し難い別世界であるという暗黙の前提があります。

語順によってニュアンスが指示する対象は逆方向になり、ネットとリアルといった場合には、ネット社会にとって相容れない存在としてのリアルというような暗黙の前提を含むのです。

いわばリアルとネットというキーワードは一種の思考停止を誘発する言葉であって、ネットでは(リアルでは)リアルの(ネットの)常識が通用しませんよ、とあらかじめ宣言しているのです。

インターネットに新大陸のような希望に満ちた別世界というイメージを当てはめるのは、インターネット登場以来のネット伝道師たちによる伝統です。そのアナロジーが正しいか正しくないかはさておいて、そういう思い込みが生み出すパワーによってインターネットの歴史はつくられてきました。

インターネットが一般に本格的に普及しはじめたのはWindows 95の登場あたりでしょう。インターネットにかかわるほとんどの人が、インターネットが秘める大きな可能性を信じていましたが、インターネットがどれぐらい凄いと考えるかについては、人によって大きな温度差があったように思います。

温度差の理由にはいくつかあって、ひとつはインターネットが社会に与えるだろう影響範囲が大きすぎて、およそ個人の能力で予測できる範囲を超えていたから。

もうひとつは、インターネットを利用してうまくビジネスをしようと思っていたネット伝道師たちはインターネットの可能性をおおげさに喧伝《けんでん》したし、インターネットによってビジネスの基盤を脅かされるだろうといわれる側の人間は、インターネットなんてたいしたことがないと、逆のことをいっていたからです。

そして、どちらの側が正しいかではなく、どちらの側が得だったかというと、圧倒的にインターネットは素晴らしい、可能性は無限である、とおおげさにまくしたてた人たちの側だったのです。インターネットというバーチャルな世界はいまあるリアルの世界と同等、あるいはさらに広大な未開の新大陸であるというイメージは、そういうネット伝道師たちの大宣伝の中でつくられていったのだと思います。

そしてそれは人間社会の大きな時間の流れの中ではそんなに間違いではなかったかもしれない

けれど、細部においては嘘八百であったというのが、インターネットの歴史であると、ぼくは考えているのです。

最終章のこの章ではリアルのような言葉で代表される旧世界と、ネットという言葉が表す新世界という二つの対立概念が、どのように利用され、それがインターネットのあり方にどう影響を与えてきたのか、これまでとこれからについて書きたいと思います。

バーチャルがリアルへ

建物や道路などの大きなものから時計やアクセサリーなどの小さなものまで、はては国家や貨幣システムや生活習慣のような目に見えないものも含めて、およそ人間の身の回りにある有形無形のほとんどのものは、人間の脳から生み出されました。

人間が頭の中で想像したことが現実に出現したのです。そういう意味で人間がかかわる現実＝リアルというもののかなりの部分は、人間の想像の産物であるといえます。

人間が頭で考えたことが現実になるという傾向は、パソコンとそれに続くインターネットの爆発的な普及にともなうＩＴ革命において、特に顕著であったといえます。

冷静に考えると、おかしいこと、間違っているように思えることでも、信じる人がいれば現実の力となって現れてしまう、人間の想像が現実と乖離《かいり》し始めているにもかかわらず、現実のほうが想像にひきずられて変わってしまうという現象。想像が間違っているのではなく、現実が間違っているというわけです。

これはバブル経済と似たような現象であり、どこまでが実体でどこからがバブルかということが、あとになってみないと判断できないということも同じです。ＩＴバブルとはよくいったものですが、ＩＴバブルといわれた時期も含めて、それ以前もそれ以降も現在にいたるまでのＩＴ革命の歴史の中で、人間の想像が現実を大きく修正してきたという構造は、一貫して変わっていないのです。

いいかえるとＩＴ革命とは人間がインターネットについて誇大妄想をし、いきすぎた誇大妄想は否定されつつも、大枠において誇大妄想の多くが実現してしまった過程であると考えることができます。そして誇大妄想を自らふりまいたり、他人の誇大妄想を信じて味方する側についているほうが得なことが多い時代であると考えると、なんだかよく分からないなと感じるインターネットの謎の部分の多くが理解できるのです。

インターネットがとっつきにくい印象を与える最たる理由は、なにかにつけて、やたら技術的な説明がついてまわることでしょうが、インターネットに限らず専門外の分野というものは、詳細に説明するといくらでも難しくなるものです。

インターネットだけが、特別に難しかったり奥が深いものだったりするわけではないのです。インターネットはよく理解はできないけれどもとにかく凄いらしい、という印象づけのやりかたは、あやしげな商品を売りつけるマルチ商法などの手法に似ています。

インターネットというものに、なにか、いかがわしい雰囲気を感じたことのある人も多いと思いますが、あながち間違った感覚ではないと思います。

インターネットの普及の過程においての説明のされかたには、世の中全体がぐるになった詐欺商品といった趣は確かにありました。好意的に考えてもインターネットの潜在的な可能性を本当に理解している人なんて世の中にほとんどいなかったし、現在でもこれからでも怪しいものですから、インターネットの未来を信じるということは、理解できていないものを信じるといった、宗教じみた無理矢理感がぬぐえないのです。

インターネットの歴史において人間の思い込みが現実になるという例で、いちばん分かりやすいのはIT企業の時価総額でしょう。

ITバブルの始まりは米国のネットスケープ社の上場だといわれています。設立して一年ちょっと、直前四半期の売上は約二二〇〇万ドルしかなく、利益はまだ出ていないにもかかわらず、ネットスケープの上場時の時価総額は約二〇億ドルにものぼり、世の中を驚かせました。

なぜ、ネットスケープがそれほど高い評価を受けたのか。もちろん売上は小さくはありましたが、三ヶ月ごとに倍々ゲームで増えていったことも大きな理由になるでしょう。

でも、根本的にはIT業界の多くの人が、ネットスケープが当時無敵を誇っていたマイクロソフトを負かすというシナリオを本当に信じていたからです。結果的にネットスケープはマイクロソフトの反撃にぼろ負けをして消滅することになるのですが、当時はネットスケープがマイクロソフトに勝つという予言がかなり広く信じられていたのです。

根拠となる理由は単純で、インターネット時代に重要なのは、Windows のようなＯＳではなくインターネットのブラウザソフトである、というものです。

実はネットスケープは、インターネットのブラウザソフトとしては当時のトップシェアを誇っていた Netscape Navigator を持っていたのです。

そのころ、コンピュータでなにかやりたい場合は、ワープロや表計算ソフトのようなアプリケーションソフトを購入するのがふつうだったのです。ですが、インターネット時代になるとそういったアプリケーションソフトがブラウザ上で動作するようにいずれなるといわれていて、そういう時代にはたとえ Windows だろうが Mac だろうが、Linux だろうが、ブラウザさえインストールされていれば、同じサービスがインターネットを通じて利用できるようになる。これからはアプリの時代が終わりウェブサービスの時代になる（ちょうどスマートフォンの登場により、これからはウェブサービスではなくアプリの時代になるといわれている現在と逆の状況）。そうなると、その当時はＯＳ市場をほぼ独占していたWindowsを販売しているマイクロソフトが一番力が強かったのですが、これからはインターネットのブラウザをほぼ独占しているネットスケープの力のほうが、マイクロソフトよりも強くなるだろうという予想をいろんな人が主張し、結構、信じる人も多かったのです。

その結果、少ない売上とまだ見えない利益にもかかわらず、ネットスケープは二〇億ドルもの評価を資本市場から得られることになりました。そしてネットスケープにはお金だけでなく優秀な人も集まり、敗れはしたものの当時の圧倒的な巨人であるマイクロソフトに、対決を挑むことができたのです。結局、ネットスケープは会社としては敗北したかもしれませんが、会社の創業者は株を売却して莫大な現金を手に入れました。

つまりインターネット時代には、ブラウザがＯＳよりも重要になるので、ネットスケープはいずれマイクロソフト以上の会社になるという人々の誇大妄想によって、本当にネットスケープはマイクロソフトと喧嘩するだけの力を得、創業者は株式売却による莫大な現金を手に入れた、という現実が生まれたのです。

さて、ネットスケープの場合は失敗したので誇大妄想だったということで片付けてもいいのでしょうが、成功した例もあるからややこしいのです。ネットスケープの失敗後にＩＴ業界で大きな話題を呼んだ株式公開というとグーグルでしょう。

グーグルの上場直前である二〇〇三年の年間売上高は約一五億ドルですが、上場後のグーグルの時価総額は約二三〇億ドルに達しました。またしても資本市場は誇大妄想をしたのです。しかし、一〇年後の現在がどうなっているかというと、それまでIT業界の盟主であったマイクロソフトもヤフーもグーグルの前に敗れ、グーグルの時価総額は約三八〇〇億ドルに達しています。

こうなると、もはや誇大妄想ではなかった、あるいは誇大妄想が現実を塗り替えてしまったといえるのではないかと思います。

いや、グーグルは本物で、ネットスケープが偽物だっただけだという人もいるでしょうが、この区別はそんなに簡単につくものではありません。ぼく個人にしても、グーグルは成功するにしても、ここまで大きな存在になるとは思っていませんでしたし、ネットスケープにしても、そこまで高い将来性があるかは疑問を持っていましたが、ブラウザの人気は本物でしたし、マイクロソフトのInternet Explorerに対して、あそこまで完敗するとは思っていませんでした。

もしかしたら世界にはこれらをほぼ正確に見通していた予言者が何人もいたかもしれませんが、世の中のほとんどの人はそうではなかったのは確実でしょう。

このようにIT業界と資本市場が組み合わさると、頭の中での想像上の戦いで勝利を収めれば、現実のほうも影響を受けて変わるという現象が発生します。そのためにIT業界では想像上の戦いで勝利を収めることに、非常に熱心な人たちが現れるのです。最近の例だと、クーポンサイトのグルーポンが誕生したときにも、みんな、もう、これでこの巨大な市場の勝者は決まったとグルーポンの成功が事実であるかのように宣伝する人が続出しました。

コンセプト、ビジネスモデルが素晴らしい、想像すると負けるわけがない、頭の中でみんながそう思うと、もう莫大なお金が集まって、すでに勝ったことにしてしまう。

それがあたりまえになっているのです。

ビットコインなども同じです。前の章でビットコインの仕組みについて書きましたが、世の中でビットコインは過大評価されすぎだし、ビットコインが通貨のあり方を変える革命であり大発明であるというような言説は、明らかに誇大妄想だと思います。しかし、ビットコインを凄いと思う人たちを一定以上世の中につくれれば、膨大な利益を生む構造をつくれることは間違いないし、もし、間違って正式な通貨として認められるようなことがあれば、結果的には通貨のあり方を変えるだろうということも、また、予想されるのです。

ここまでのところをまとめると、インターネットはバーチャルな存在であるみんなの想像や妄想、ひょっとしたらという願望を、資本市場と組み合わせることで、それをリアルな存在＝現実のものへと変える装置として働いているということです。その装置は以下のようなプロセスで動作します。

① インターネットでのサービスやビジネスモデルを頭の中で考える。
② ①の妄想を世の中にまきちらして、同じく、みんなの頭の中で成功するかどうかシミュレーションをしてもらう。
③ ②が頭の中で成功したら、株式公開をする。
④ ほとんどが失敗し、一部だけ成功する。

このうち①から③までのプロセスを、このままだとあまりに中身がなく簡単すぎるので、実際にサービスも並行しておこない、説得力のある数字的な実績もつくりながら、ある程度の時間もかけて、最終的な上場までのプロセスを踏んでいくのが典型的なＩＴベンチャーの目指している姿です。

そして、この③で得られる会社の時価総額と調達資金があまりにも魅力的なので、①と②で、みんなの想像上の成功が失望に変わらない程度の数字的な裏付けを実績として示そうと、多少無理をしてでも頑張ります。

そのためにはいわゆる右肩上がりのグラフというのが重要ですから、段階的に大きな資金をベンチャーキャピタルなどから集めて、そのたびに社員を増やしたり、オフィスを拡大します。

営業などが増えると、自然に会社の売上などもある程度は増えますので、上場までの道筋の説得力が増すのです。

こういう一連の流れはベンチャー企業の周辺では米国はもちろん日本でも、ノウハウとしてかなり蓄積されています。ぼくがあるとき米国のベンチャー投資家と話したときに、「日本の上場を目指すＩＴベンチャーは、ノウハウとテクニックだけで上場しようとしている会社ばかりだ。多分、九割はそんな会社じゃないか」と言ってみたことがあるのですが、「米国では九九％がそういう会社だよ」と彼から笑われました。

たとえ間違ったものだろうが、形式的な基準をクリアすれば、バーチャルなものをリアルに変える装置としてインターネットは機能しているのです。

リアルからネットへ

旧世界の代名詞としての〝リアル〟と新世界の代名詞としての〝ネット〟。リアルとネットという言い回しには、ネットはリアル＝現実世界とは通用する常識が異なる別世界であるというニュアンスがあると冒頭で書きました。

なぜ、ネットがリアルと異なる別世界にならなければならなかったか、それはインターネットでビジネスをしようとする人が、インターネットはリアルの世界が進化した新しい世界だというような説明をしたほうが、都合がよかったからでしょう。

インターネットは資本市場と結びつくことで、バーチャルなビジネスプランから現実のお金を集める装置として機能するということは説明してきました。

その際に、リアルの世界と鏡像関係にあるような未来のネット社会、という単純なモデルは他人に説明するビジネスプランをつくるときに、とても使いやすいのです。

新聞、雑誌などのオールドメディアに対するネットメディアという図式。広告代理店に対するネット広告代理店。証券会社に対するネット証券。銀行に対するネット銀行。ネット生保にネット電話にネットスーパーと、なんでもネットをつければ新しいビジネスモデルができるのです。

現実に存在しているビジネスのネット版という分かったような分からないような単純なアナロジーで、ビジネスモデルが簡単につくれる。そしてバーチャルなビジネスモデルができればリアルなお金が集まってしまう。

ベンチャービジネスの中でも特にＩＴベンチャーにお金が集中してＩＴバブルが起こった背景には、ネットとつければとにかく簡単にネタになる新しいビジネスモデルがつくれてしまう、そういう構造があったのです。

なんでもネットをつければビジネスプランができてしまうという現象は、どういう根拠によって支えられていたのかというと、それはインターネットにまつわるビジネスというものは、ほとんどすべて本質的には安売り商法だからです。

インターネットを利用することにより、あらゆるサービスや商品を安く、あるいは無料で提供する。そして安かったり無料だったりするからお客が集まる、というあまりにも単純であるが故にあまりにも万能なモデルです。

では、どうやって、あらゆるサービスや商品を安く、あるいは無料で提供できるのかというと、無料か有料かによる、それぞれひとつずつの単純なパターンしかありません。

パターンA〈無料モデル〉

- 合法的コピー、あるいは違法ではあるがネットユーザが自主的におこなっているコピーを二次的に利用することにより、低コストでコンテンツを集めて、無料でサービスを提供する。
- 集まったユーザを利用して広告収入を得る。

パターンB〈安売りモデル〉

- ネットを利用してサービスや商品の提供をおこなうことにより、物流コスト、営業コストを抑える。
- その分、価格を安くする。

パターンAで無料で提供される商品として格好の材料になったのは、コンテンツと呼ばれる情報だけで構成される商品です。文字や音楽や映像などデータそのものが商品であるコンテンツは、データをコピーする実費はほぼゼロですから、なにかうまく理由をつくってコンテンツを利用するサービスをネットでつくれれば、大きなビジネスチャンスとなるのです。

代表的なものとしてはグーグルなどの検索サービスやYouTube、ニコニコ動画などの動画共有サイトがあります。

グーグルなどの検索サービスでは、検索したときの見出し用としてサイトの内容の一部をグーグルのサーバにコピーしますが、これが著作権違反になるかどうかは、何度か裁判などでも争いの対象となりました。これは最終的には合法であるという結論になり、検索サービスなどは有用なコンテンツの一部を無料で手に入れることができるようになりました。

また、動画共有サイトには音楽やテレビ番組が違法にアップロードされたりしましたが、米国では著作権者から申告されればすぐ削除するという体制をつくればいいというルールになりましたし、日本でも一定の基準で削除する努力をおこなえば、サイトとしての責任は問われないようなルールに事実上なりました（第7章参照）。

また、検索サービスや動画共有サイト以外でも、無料サービスのかなりの部分がこのタイプです。制作コストが安い場合には自分たちでコンテンツをつくる場合もなくはないですが、ネットでコンテンツ制作に十分なほどの広告収入を得るのは大変なので、通常は他者のコンテンツを利用して、自分ではコンテンツをつくらないことがほとんどです。

パターンBの代表的なものとしては、ECサイトと呼ばれるショッピングサイトの大半や、ネット証券やネット銀行、ネット生保などのように、通常は営業所や営業マンを抱えて販売するサービスをネット経由で申し込めるようなものがあげられます。

ほとんどのビジネスで営業行為というものは存在しますから、それをネットでやることで効率化してコストを下げるというのは、これもかなり汎用《はんよう》的にあてはまる手法です。

ドットコムバブルとも呼ばれた米国の一九九〇年代末ごろには、まさに現実にある業種にドットコムをつけただけというような安易な起業が流行しました。おもちゃをネットで販売するeToys.comは、一時期、時価総額が一〇〇億ドルを超えました。ネットでペット用品を販売するPets.comは株式公開によって八二五〇万ドルを調達し、九ヶ月でお金を使い果たして倒産しました。

パターンA、Bのような単純なロジックにも、お金が殺到する理由として、非常に説得力を持っていたもうひとつの理屈があります。それは「早い者勝ち」理論です。「成功の理由はこんなに単純明快で、実はだれでもできるから早い者勝ちになる。そして、われわれはいま、成功に一番近い位置にいます」、といったような理屈です。

まさにネットは未開の新大陸であり、最初に入植した人が土地の権利を主張できるというわけです。ですから、目指す土地に早く到着するために速い馬を買ったりするのには、いくらお金をつぎ込んでも元が取れるというわけです。そういう理由でドットコムバブルでは、派手なプロモーション、高価なサーバやデータベースプログラムにお金を惜しみなくつぎ込むことが、正当化されたのです。

「早い者勝ち」理論は意外と強力で、だれでも思いつけるような、頭の中では成功するビジネスモデルでも、早い者勝ちだと説明すれば、それなりに理論的整合性はついてしまいます。

しかも、最初は儲からないことすらも説明がついてしまうので、うさんくさいＩＴベンチャー企業がはびこるのもあたりまえです。

このようにネットは別の世界で別の常識が通用するという認識が、リアルの現実社会でされるようになった背景には、インターネットを口実にお金を集めるビジネスモデルがつくりやすかったからだというのが、ぼくが思っていることです。

のです。

ネットとリアルの融合

これまでぼくが書いてきたのは、インターネットの世界の実際は、本当はこうだろうというものです。

インターネットの登場は、おそらく本当に人類の歴史に残る大事件なのでしょう。でも、だからこそ、インターネットにかかわるさまざまな人が自分の都合のいい概念を、もっともらしく世の中に押しつけていて、本当の姿が見えづらくなっています。インターネットを仕事の場、生活の場にしている人ですらそうなのです。

ビジネス的なご都合主義が未来への理想主義に装いを変えて、本来はイデオロギー的な主張にすぎないことが、科学的な真実であるとして喧伝されています。そんなことだらけです。

そんなインターネットの中に住み始める人たちが現れました。ぼくがネット原住民と呼ぶ人たちです。ネット原住民とは現実社会にうまく馴染めず、ネット空間を自分の居場所に決めた人たちです。

彼らは自分たちを排除した現実社会に恨みもあれば、ネットにおいては自分たちのほうが詳しいという優越感も持っていて、複雑な感情を抱いています。

彼らもネットとリアルを場として対比する感覚を持っています。ただしビジネスサイドからはリアルに対するネットという場ですが、彼らは逆にネットから見てリアルという場を意識しているという点が異なります。

一方、若い人たちはデジタルネイティブと呼ばれ、ネットも生まれたときからあるのがあたりまえの世界であり、リアルの生活の場の一部にすぎません。

ビジネスとネット原住民とデジタルネイティブの三つの要素からなる力学で考えないと、ネットの世界は正しく理解できないというのがぼくの考えです。

これまではリアルとネットは別の世界であると考えたほうが、ビジネスにとってもネット原住民にとっても都合がよかったのでしょう。しかし、ビジネスの面からも、単純なリアルの鏡像としてのネットのビジネスモデルという概念が使い古されてきて、よりリアルとネットを組み合わせた概念でないと、世の中を説得できない時代になってきました。

また、ネットユーザの主流も、ネット原住民からデジタルネイティブたちへと移行しつつあります。ネットとリアルの融合が叫ばれるようになるのは必然といえます。

ネットとリアルの融合とは、リアルの世界から見たバーチャルな人間の想像とネットの世界がひとつになる過程であり、人間が住む世界としてのリアルとネットがひとつになる過程でもある、そういうふうに理解できるのではないでしょうか。

頭取

銀行の役職名が思い浮かぶが、意外と古い語。もとは「音頭を取る人」の意味で、雅楽や能・歌舞伎の主だった奏者を指した。そこから、芝居や相撲の興行を統轄する人など、「かしらだつ人」を意味する語となる。銀行の取締役の首席を指す用法は明治以降のものだが、最近は「頭取」ではなく「社長」の呼称が増えているという。

『広辞苑』を散歩する 5